WO DE QINGXU
WO ZUOZHU

我的情绪
我做主

程靖钧 著

南方日報出版社
NANFANG DAILY PRESS
中国·广州

图书在版编目（CIP）数据

我的情绪我做主 / 程靖钧著. — 广州：南方日报出版社，2019.11（2024.6重印）
ISBN 978-7-5491-2112-0

Ⅰ. ①我… Ⅱ. ①程… Ⅲ. ①情绪 – 自我控制 – 通俗读物 Ⅳ. ①B842.6-49

中国版本图书馆CIP数据核字（2019）第252244号

WO DE QINGXU WO ZUOZHU

我的情绪我做主

著　　者： 程靖钧
出 版 人： 周山丹
策 划 人： 柏昃霞
责任编辑： 方　明　曹　星
特约编辑： 曾巧英
责任技编： 王　兰
责任校对： 裴晓倩
封面设计： 长沙风格八号品牌设计有限公司
出版发行： 南方日报出版社
地　　址： 广州市广州大道中289号
经　　销： 全国新华书店
印　　刷： 湖南品悟纸品包装科技有限公司
开　　本： 889 mm × 1194 mm 1/32
印　　张： 7
字　　数： 103千字
版　　次： 2019年11月第1版
印　　次： 2024年6月第9次印刷
定　　价： 45.00元

投稿热线：（020）87360640　读者热线：（020）87363865

读情绪，活出爱

靖钧老师一直都是一位很有自己的思想和追求的老师，长年专注于家庭教育的研究与发现。近年来更专注于情绪的研究工作，这是一项可以为社会带来巨大价值与贡献的工作。

现代人大多面临着各种各样的情绪困惑，而从这部作品中可以很直观地了解到情绪和情绪背后的解释与意义。读完这本书，相信你会更加了解情绪及你自己的内心想法，从而可以更好地改善关系，甚至可以主导关系。

一个知道如何与自己情绪相处的人，一定能知道如何与别人相处，并给别人带来良好的感觉。

有时候我们会期望改变别人，可是并不一定了解自己为什么想改变别人。改变别人的想法可能是看到别人有些问题，如果这些问题改变了，别人一定可以变得更好，是一种利他的想法。同时也有可能存在一种情况是我们没有意识到的：别人身上存在的问题让我心里很不舒服，如果别人改变了，我心里就舒服了。有时候我们跟别人进行“战争”，一方面可能是为了别人好，也有可能是为了让我们自己变得舒服一点。我并不是说都是这种情况，我只是想表达：我们可以对自己的情绪有更多的觉察与了解。每个人做自己的时候往往是最舒服的时候，可是当我们期望改变别人时有没有想过别人也会因此不舒服。最难的工作不是改变别人而是改变自己，而改变自己往往需要先经历一段自身内在不舒服的过程，因此，不是每个人都愿意改变自己的。如果能轻松地改变别人，我宁愿去改变别人。可是一个人能改变自己却又是一件很有价值的事情。

本书中有表述信念与情绪的关系，很好。俗话说，改变一个想法，感觉就变了，同时，感觉一变，想法也就变了。也许这就叫主导吧！所以一个人能够改变自己的想法，同时又能调节自身情绪的话，那就一定能达到内外关系的和谐。本书如果你能好好看完，我相信你的生活会有不一样的全新体验。

情绪是潜意识的语言，是最能表达内在真正的想法的。如果读者能懂自身情绪并能随时觉察情绪变化的话，那么就具备了自我疗愈的能力了。当一个人具备自我疗愈的能力，进步就会大大加速。内在的学习有时候比简单地增加知识更有力量，内在的学习往往会更能通达爱的目的地。所以随着知识的增加，如果不调整内在的话，我们控制别人的能力会变得更强，可是关系可能会更糟糕。如果知识加上内在的学习，知识会变成智慧的。

知识－爱＝控制

知识＋爱＝造就

爱与情绪有关。

期望本书能够大大地帮助到你。祝福你！

林青贤（字：恒辰）

2019 年 11 月 7 日

凡事先处理心情
再处理事情

听闻程靖钧导师要写《我的情绪我做主》这本书的时候，我就非常期待，今天拿到了这本书的书稿并受邀写序，立即欣喜地品读起来。

为何对本书如此期待呢？因为情绪管理太重要了，如果有一本书能让更多父母知道如何管理自己的情绪，也让更多孩子明白如何管理自己的情绪，那这个世界上将有多少悲剧不再上演，有多少幸福可以在彼此间流淌！

凡事先处理心情，再处理事情。如果心情没有处理好，事情往往也难以得到很好的处理！北京曾经发生一起摔婴儿案件，因为一点冲突，一名男子将一名女子婴儿车中的女童抱过来狠狠摔在地上导致女童重伤不治而亡。冲动是魔鬼，如果这个男子可以在纠纷中调整好自己的心态，管理好自己的情绪，这样的事情便不会发生。因为情绪管理不足，不仅毁了一个家庭，也毁了自己的人生。如果摊开报纸，或浏览互联网信息，会发现这样因为情绪失控带来的悲剧屡见不鲜，很多的恶果都是情绪失控造成的！

在青少年品格课中，我们遇到不少青少年的偏差行为，如注意力不集中、迷恋手机游戏、暴力倾向、抑郁等，究其原因，几乎都和父母的教育有关，而其中大多数和父母的情绪管理有关。有些父母刚开始没有意识到自己的情绪会对孩子有如此大的伤害，所以夫妻当着孩子的面吵架，甚至砸东西，对孩子发火、打骂也是家常便饭，却不知这些都在孩子心里面种下了负面情绪的种子。

当不少父母通过学习意识到了情绪管理的重要性，可又找不到情绪管理的方法时，便又会陷入焦虑和迷惘，这时，我会推荐父母们去上程靖钧导师的“情绪智慧必修课”课程，希望父母们能够通过学习来调节自己的情绪，继而影响孩子们的心智。这本《我的情绪我做主》出版后，相信很多人通过阅读它，可以找到调整自己情绪的方法。这本书不仅有理论层面，更结合了很多生活中的案例，让我们觉察情绪的缘起，学会如何转化情绪，如何升华情绪提升能量，是一本非常值得品读和践行的书。

和程靖钧导师认识多年，这些年她一直在潜心研究家庭教育。为了研究，她从未停下学习的脚步，不仅在国内师从林青贤先生学习，还前往世界各地研修。这本书将多种理论结合在一起并加以转化运用，指导我们的实际生活，我从中感受到了程老师深厚的理论功底和对教育的深情。

程老师是一名学习者，更是一名实践者和传播者。期待更多的人可以与这本书相遇，认真阅读它，并且将它推荐给身边人。也许阅读完其中一章，我们的命运就能有所改变。如果那个摔婴儿的男子在事发前能够阅读到第一章——情绪从哪里来？知道如何转化情绪，事情可能就会向另外一个方向发展。可是这个世界没有如果，我们只能着眼当下，放眼未来。希望从现在开始，我们能够一起传播教育，像扁鹊的大哥一样“治未病”，让更多人学会情绪管理，减少负面事件的发生，让我们带着美好的心情享受生命中的每一天，感受生命中每一个走近我们的人的温度，活出更加喜悦的人生！

朱晓平

2019年7月21日

青少年的偏差行为

如注意力不集中

迷恋手机游戏

暴力倾向

抑郁等

究其原因

几乎都和父母的教育有关

而其中大多数和

父母的

情绪管理有关

目录

contents

你对情绪了解多少？

每个人都有情绪，在现实生活中，你是否时常被情绪左右，甚至影响到你正常的工作与生活？你有没有对情绪认识的误区呢？

有人说："我就像林黛玉一样，天生多愁善感。""我动不动就哭。""我经常自己把自己气坏。"

他们认为，情绪是天生的，是与生俱来的。

有人说："一见到孩子在玩手机我就生气！""一看到家里乱糟糟我就生气！""一见他我就火冒三丈。"

他们认为，情绪是他人的言行或外界的因素造成的。

有人说："大家都开开心心的，你干吗哭丧着脸？""你怎么能发火呢？真是没修养。""男儿有泪不轻弹。"

他们认为，情绪是有好坏对错之分的——高兴、开心、快乐就是好的，愤怒、悲伤、焦虑就是不对的。

有人说："他不改变，我能怎么办？只能继续忍受。""我脾气暴躁，容易发怒，但对身边人没有坏心，却总是脾气先来，做过了又很后悔。""我不懂得处理情绪，发生冲突时，我只想回避。"

他们认为，坏情绪，只有三种处理方法——要么忍在心里，要么爆发出来，要么逃避。

有人说："我最近心情不好，什么都不想做，等心情好的时候再说吧！""我这个坏脾气是改不掉了！""我经常胡思乱想，很容易受别人影响，"

他们认为，对于情绪我们是无可奈何的。

…………

这些都是对情绪的错误认识，为什么呢？

试想一下，如果上述信念是正确的话，你会不会感到无力、无助和无望？每个人的情绪状态完全由外界的人、事、物控制，那我们岂不是成了情绪的奴隶，总是处于被动、无奈之中？这样如何才能突破困境，如何做自己人生的主人呢？

因此，我们需要从新的角度去看待情绪，理解情绪，成为自己情绪的主人！成为自己人生的主人！

情绪不是与生俱来的，更不是由外界的人、事、物引起的，它是我们内在信念受到外界刺激时产生的反应。

情绪没有好坏对错之分，只分有效果和没效果。它反映了我们内在的需求，它真实可靠，是对一个人内在的状态真实而准确的反映，当我们能够精准地觉察内在的情绪状态时，自我成长就开始了。

/ 第一章 /

情绪从哪里来？

美国著名心理学家埃利斯认为：让人们产生情绪的，并非是事件本身，而是我们对这件事情的看法、信念。

· 第一节 ·

谁打开了情绪开关？

通常我们会觉得情绪从外在的世界来，我发生了哪些事情，别人对我说了些什么话、做了些什么事，也就是外部一切的刺激导致我产生了情绪。尤其是被亲近的人说了几句或者给了一些脸色看时，我们的情绪马上就会爆发出来。所以我们通常以为是一些事件影响了我们的情绪。

真的是这样的吗？

有一天，你穿了一双新鞋，在公交车上被人踩了一脚，这人不但没道歉，还占了你的座位，这时候你会有什么样的情绪反应？你可能会很愤怒，会要求这个人站起来把座位还给你。因为你可能在想：这人怎么这么没礼貌，没公德心？真让人讨厌！我自己坐得好好的凭什么要把座位让给他？

可当你准备跟他理论时，仔细一看，发现那人是个盲人，这时候你又会有什么样的情绪反应？你可能会同情他，觉得一个盲人出门不容易，不仅原谅了他踩你的新鞋，而且会想要帮助他，甚至主动把座位让给他。

这个事例中，你因为新鞋被踩、座位被“抢”，先是产生了愤怒的情绪，后来又产生了同情他人的情绪，同样一件事情，为什么先后产生两种如此不一样的情绪呢？是谁在控制我们的情绪开关？

· 第 二 节 ·

情绪的来源是信念系统

美国著名心理学家埃利斯认为：让人们产生情绪的，并非是事件本身，而是我们对这件事情的看法、信念。

就如上面提到的事例，让你产生愤怒情绪的，不是“新鞋被踩、座位被占”，因为同样的“新鞋被踩、座位被占”事件，当你发现对方是个盲人后，你非但不生气，而且还同情他，甚至愿意帮助他。

可见，不是事件本身让你产生了情绪，而是事件发生后，你内心的想法，打开了你的情绪开关。

原来情绪的来源是人的信念系统！

所谓信念系统，就是我们过往的人生经历中看见的、听见的、总结出的关于事物的主观判断。

在你毫无察觉的情况下，这些主观判断悄悄地形成了信念系统，并植入了你的潜意识。无知觉状态下，潜意识决定表意识的行为反应，当你再次看见、听见、经历相同或类似的事件的时候，就会无意识地根据曾经形成的信念系统做出无意识的反应。

随着成长，我们不断地收集、形成各种各样的信念系统，多达数百个信念系统纠结交缠在一起，像网一样笼罩着束缚着我们，掌控着我们的各种情绪开关，让我们受限于其中，不得自由，并制造出生活的痛苦和磨难。

不是事件本身

让你产生了情绪

而是事件发生后

你内心的想法

打开了

你的情绪开关

· 第三节 ·

信念系统是怎么形成的?

信念系统形成的主要途径有三个：经历中形成的、听到的、总结出的。

经历中形成的：由自己亲身经历得出的结论形成的信念系统。比如，小时候学习成绩不好，总是被老师、家长批评、辱骂的小孩，很容易形成“我很笨”“我不够好”“我做不到”“我是失败的”“我不行”等负面信念系统，以至于长大后遇到任何有挑战的事情都不敢去做，头脑会认为不做就不会犯错，不做就不会失败。

听到的：自己信任的人说的话更容易形成自己的信念系统。比如，小时候听父母讲外面很多坏人，这样的信念系统一旦形成，在与人交往时会关闭心门，还总是担心自己被骗。殊不知，越是担心、恐惧被骗，越是容易发生被骗的事件。这是吸引力法则。

总结出的：看到别人经历的事件或者新闻报道，自己经过一些思考总结出来的信念系统。比如，有人加班猝死，熬夜猝死，熬夜得癌症……当你看到这些新闻，通常会总结出“熬夜容易猝死”“熬夜很伤身”“熬夜后果很可怕”等主观判断，并存入你潜意识的信念系统库。每当你熬夜的时候，内心就充满了恐惧、担心、焦虑等负面情绪，真正让你免疫力下降的主要因素，是这些负面情绪。负面情绪能量比熬夜本身对你的影响要大得多得多。

第二次世界大战时期的德国军队做过一些很不人道的实验。其中一个就是让被抓来的盟军飞行员坐在椅子上，将他的双手绑在椅子后，用布蒙着他的双眼，然后一个德国军官对他说，经过审判决定把他处死，方式是放血！有人用冰块在飞行员双手手腕处轻划一下，然后用预先安排的东西发出滴水的声音。德国人员全部离开房间，数小时之后再回去，发现那个飞行员已经死去！没有真正的流血，他怎么会死亡呢？原来是因为他完全相信自己正在不断地失去血液，很快就会失血过多而死。这个信念不断地重复，造成身体里真的呈现出失血过多的状态，因而死亡！

这个例子里，飞行员经历了忐忑、恐惧的影响后，对于自己的死亡变得深信不疑，最后放弃求生的欲望，即生存的价值，慢慢地接受了死亡这一现实，认为这就是事实上的规则，他没法做出其他的选择，信念系统最后消失，直至死亡。可见信念系统是如何支配我们的身体的。

一个人的信念系统包括信念、价值和规条，所有人的内心困扰或者是人与人之间的矛盾都是来自信念系统的冲突。而信念系统不是一成不变的，其会随着生活体验的改变处在不断变化中。我们的人生如果想要感受到应有的成功和快乐，必须建立更有效的信念，即建立新的神经元网络，改进对同类事物的想法与做法。

一个孩子从小在家里接收什么样的信念，什么样的信念就会植入他的价值系统，在日后的人生中不断地奉行。比如说，“做人要勤奋”“挣钱很重要”“不要跟陌生人说话”，有什么样的信念就有什么样的行为。

负面情绪能量

比熬夜本身

对你的影响

要大得多得多

· 第四节 ·

信念系统如何左右情绪?

美国著名心理学家埃利斯在他长达60余年的心理学研究中，创立了理性情绪行为疗法，为现代认知行为疗法的发展奠定了基础。理性情绪行为疗法的核心，正是情绪ABC理论。ABC三个字母分别对应三个要素：A－Activating event，B－Belief，C－Consequence。

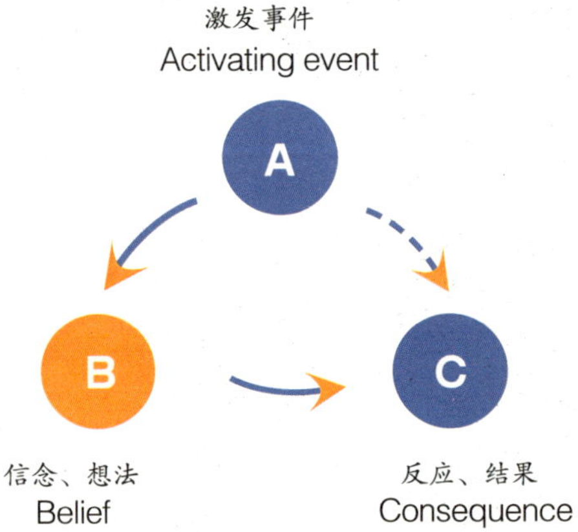

情绪ABC理论

A 代表激发事件（Activating event）。通常，我们的情绪来源于生活或工作中的一些事件。例如，老板对你的工作不满意，经常批评你。

B 代表对事件的信念、想法（Belief）。面对生活、工作中的事件，每个人都会产生自己的想法。这种想法，包括对事件的评价、解释等。例如，老板经常批评你，你对此的信念、想法可能是，老板总是在挑毛病。

C 代表反应、结果（Consequence）。事件发生后，我们对此产生自己的想法，然后就有了结果。这种结果，体现在情绪反应和行为结果方面。例如，老板批评你（A，激发事件），你认为这是老板在挑毛病（B，信念、想法），于是很愤怒（C，情绪反应），准备辞职（C，行为结果）。

很多情况下，我们经常误以为是 A 直接导致了 C。也就是说，我们的任何情绪反应和行为，都是源于某个外部事件。于是，我们总是把原因归于外部事件，例如老板不好、工作环境不良、伴侣不忠、孩子太顽皮等。实际上，B 才是关键。B 代表了我们对事件的想法。这种想法，可能理性，也可能不理性。对于经常出现严重情绪问题的人，其内心的 B（信念、想法）通常是不理性的。例如，受到老板批评，就认为是老板在挑自己毛病，这就是典型的不理性想法。真正理性的想法是，结合实际情况，分析老板对自己的批评，如果老板批评得有理，那就努力改正。在理性想法下，C（反应、结果）就不再是愤怒、离职，而是在情绪上很冷静，在行为上去改正。

情绪是最能反映一个人有什么样的信念系统的！如：

老王升职了，他感觉很高兴，请同事们吃饭喝酒；老王升职了，他感觉很有压力，回家一个人喝起了闷酒。

以上这两个描述，你觉得哪个更符合事实？

事实上这两种情形都是会发生的。为什么同样一件事情“升职”，会有两种不同情绪和反应发生呢？我们把这两段描述写得更详细一点，你很快就会明白。

第一种情况：老王升职了（A，激发事件），他认为这意味着更高的薪水，更能发挥自己的价值（B，信念、想法），老王感觉很高兴，请同事们吃饭喝酒（C，反应、结果）。

第二种情况：老王升职了（A，激发事件），他认为这意味着更多的工作，更大的压力，很少的假期（B，信念、想法），老王感觉很沮丧，回家一个人喝起了闷酒

（C，反应、结果）。

从这两段不同的描述里我们清楚地看到，同样的“升职”事件，导致不同的情绪反应的原因，不在事件本身，而在老王对事件的看法。

也就是说，C不是直接由A来决定的，A不直接等于C，关键是B！改变一个人的信念、想法，就可以改变事件带给他的情绪。所以说决定情绪反应的不是外在的人、事、物，而是你对外在人、事、物的看法！

很多受到情绪困扰的人都以为只要改变A就可以改变C：伴侣不好，孩子不好，让我很不开心，我就想改变他们。

有一次在我的课堂上有一对80多岁的爷爷奶奶在学习，这对夫妻上台后，奶奶分享说：“我没听课之前，我总想改变他，经常说他很多的错，我的才是对的，从听完课之后才发现，改变他我是没这个能力了，我只有改变我自己了……”现场的学员都笑了，明明是大家都知道的道理，从这位奶奶的嘴里说出来，特别的耐人寻味，这算是用大半生的人生经验所总结的至理名言。

很多人终其一生都想改变A，以为改变了外在的人、事、物，自己就可以快乐、幸福，但事实是，即使A不改变，只要改变B，也可以过你想要的人生。

/ 第二章 /

情绪的中介

每个人的成长环境都会影响其人生观、价值观，所以在不同的环境下成长的人所感受到的事情可能是很不一样的。

· 第一节 ·

她为什么愤怒?

有位朋友，她经常和她先生因为家务活的事情吵架。

前不久，他们一起下班回家，她觉得那天有些累，不想做饭，就希望老公能去买菜、做饭，但是先生也不大想。先生不知道是有意还是无意地说了句："为什么你不做饭？"不说还好，这一说她的情绪忽地就上来了："凭什么你就可以不做家务？凭什么就要我来做？！"

她对先生吼了起来。一个人的情绪上来了，对方的情绪也容易被激起。于是，两个人就开始互相指责，从做饭吵到了带孩子，甚至吵到了结婚之前的事情……

生活中很多负面情绪，通常都是由一些小事引起的，而且当某事让你产生了情绪，这种情绪不会因为时间的推移就真的过去，事过了，情绪还在。因为这些小事情，按理说不会让彼此争吵得那么厉害，这只是一根导火索，更深层的是我们内心的渴望、需求。

在这件事里，表面上看是夫妻俩因为做家务的事情起了争执，但如果我们仔细去看的话，会发现，其实是丈夫的那句话——“为什么你不做饭？”触发了妻子的情绪。所以大家在自我觉察的时候，不能简单地说，你生气有情绪，是因为你和对方吵架了，是因为他不做家务什么的，我们需要具体化。你可能要回忆一下，在你情绪被激发的前一秒到底发生了什么。这件事情里面，是对方的哪句话、哪些动作、哪个表情等让你觉得很有情绪。

比如刚刚的例子，如果当时的情景是发生在你的身上，你的丈夫对你说了那句“为什么你不做饭？”如果你感觉到自己的情绪是愤怒，就可以思考一下，为什么丈夫的这句话让你觉得愤怒呢？你会有些什么联想？

· 第二节 ·

情绪是没有被满足的需求

每个人的成长环境都会影响其人生观、价值观，所以在不同的环境下成长的人所感受到的事情可能是很不一样的。

比方说，如果这位妻子是出生在一个重男轻女的家庭，那么她可能就会觉得自己在婚姻中和丈夫的关系很不平等。为什么每次都是女性妥协、付出，而男性不能做出牺牲？她可能会觉得丈夫很大男子主义。那么，也许对于这位妻子而言，她最没法忍受的，就是被不公平、不平等地对待，因为她从小生活在这样的家庭环境中，她不能忍受女性不被尊重。那么，她愤怒的情绪背后隐藏的心理需求，可能是希望丈夫能够平等地对待她，她希望男女平等，男人和女人都应该尊重彼此，都需要共同来承担家务活。所以她在听到那句话的时候，她那种从小不被尊重、不被公平对待的感受就出来了。

当然也有可能是另外一种情况，如果这位妻子从小的成长环境，是常常被忽视的状态，她可能就会觉得，当老公说这样的话的时候，完全没有顾及她的感受。她上了一天班，她也很累了，她也渴望被照顾、被“看见”，所以她会感到自己被忽视了，而这种被忽视的感觉，可能会让她联想起小时候被父母放在一边，没有人管，没有人照顾的那些难受。这时候，她悲伤、难过的情绪就会出来，与此同时，愤怒的部分也会出来。她可能会觉得丈夫也是不爱自己的，没有人爱自己。那么对于这位妻子来说，她愤怒背后的心理需求，其实是希望有人爱自己，有人可以真正地关心自己。

由此，我们可以看到，即使表面上的情绪都是愤怒，但是由于我们各自的成长环境不同，我们愤怒背后的心理需求可能是不一样的。而且，除了刚刚提到的愤怒背后的这两种心理需求，实际上还存在更多可能性，单是愤怒这一种情绪，可能对于不同的人来说就有不同的心理需求。那可想而知，不同的情绪背后的心理需求可能就更是千差万别了。这些千差万别的心理需求，可能来自我们的原生家庭对我们的影响，也可能来自我们在成长的过程中看待这个世界的方式。但如果我们没能觉察自己情绪背后真正的需求，让这一瞬间一掠而过，让愤怒的情绪或是别的情绪爆发出来了，我们也没法跟对方去表达我们真实的需求。对方可能真的不理解，为什么这句话会让你如此动怒。你也会因为对方的不理解，因为自己真实的感受没有表达出来，而让情绪越来越激烈，最后甚至可能影响了你们的亲密关系。

当我们知道自己有情绪出来的时候，我们要去觉察：我现在的情绪是什么？为什么我的这些情绪会被激起？这些情绪背后又有什么心理需求？只有知道了我们自己内心深处真正的心理需求，我们才有可能去采取一些更有效的方法来满足这些需求，我们才能够跟对方表达自己内心最真实的感受和需求，对方也才能理解我们，我们才不会被莫名的情绪困扰，甚至影响到亲密关系。

人类必然存在渴望、需求，对自我价值的渴望包括被爱、被接纳、被认同、自由等，因为这些渴望，所以我们有了期待，对自己的、对他人的或来自他人的期待。当这些期待未被满足时，我们的心灵就会遭到捆绑，我们就会感到痛苦。这些期待无法被满足的原因可能是早年能力有限又无法自我肯定，亦无能力辨识理解一些问题、事件的道理，或因时空演变，所以没有机会满足，而期待中有关“他人”的部分，多半与原生家庭的父母有关，有时这些期待可能与家庭规则有关。

人类必然存在

渴望、需求

对自我价值的渴望

包括被爱

被接纳

被认同

自由等

第三章

正确地表达情绪

人有多种沟通姿态，美国著名心理学家萨提亚女士将人的沟通姿态分为讨好型、指责型、超理智型、打岔型、表里一致型。

· 第一节 ·

沟通为什么那么难?

沟通是与人交往的桥梁，沟通模式也代表每个人的生存姿态。一个人与生俱来就有沟通的需要和愿望，人际关系和生命质量也常常因沟通受到影响。

人有多种沟通姿态，美国著名心理学家萨提亚女士将人的沟通姿态分为讨好型、指责型、超理智型、打岔型、表里一致型。

讨好型的人忽略自己，内在价值感比较低。言语中经常出现“这都是我的错”“我想要让你高兴”之类的话。行为上则过度和善，习惯于道歉和乞怜。

指责型的人则常常忽略他人，习惯于攻击和批判，将责任推给别人。“都是你的错”“你到底怎么搞的”是他们的口头语。究其内在经历，指责型的人通常孤单、失败，但他们宁愿与别人隔绝以保持权威。有趣的是，指责型的人通常会找一个讨好型的人做伴侣，反过来，讨好型的人也倾向于选择指责型的伴侣。

超理智型的人极端客观，只关心事情合不合规定，是否正确，总是逃避与个人或情绪相关的话题。他们告诫自己“人一定要有理智”“不论代价，一定保持冷静、沉着，决不慌乱”。这类人表面上很优越，举动合理，而实际上，他们内心很敏感，有一种空虚和疏离感。

打岔型的人则永远抓不着重点，习惯于插嘴和干扰，不直接回答问题或根本文不对题。他们内心焦虑、哀伤，精神状态混乱，没有归属感，不被人关照，还常被人误解。

表里一致型是萨提亚所倡导的目标。这种模式建立在高自我价值的基础之上，达到自我、他人和情境三者的和谐互动。这种模式的人言语表现出一种内在的觉察，表情流露和言语一致，内心和谐平衡，自我价值感比较高。

· 第二节 ·

你是哪种沟通模式？

有的学员提出疑问：我为什么有时讨好有时指责？这些都不是绝对的，有人会根据对象的不同而弹性调节：对这些人讨好，对那些人指责。有的人在单位会讨好老板，在家会指责老婆孩子，一些时候讨好，另一些时候指责。判断一个人属于哪一类型，主要是依据他在亲密关系中什么样的沟通姿态占了优势。我们可以用简单的测试了解一下自己的主要沟通姿态是怎样的。

小测试：你是哪种沟通模式？

假设你是一艘航船的船长，此次出海的任务是寻找“幸福的港湾”。虽然这个地方你从未去过，但你和投资人以及民众都充满信心。在众人的欢送中，航船顺利出海了。一开始，航行十分顺利，可好景不长，路上你们先遇上了暴风雨，然后遭遇了强盗，最后迷雾重重，竟在茫茫大海中迷失了方向，无奈之下，你只得原路返回。投资人对此非常愤怒，把你告上了法庭，民众也对你失望至极。在舆论的压力下，你需要给出一个交代。在法庭上，法官问："你认为谁该对这次失败负责？"经过认真、全面的思考，你的回答是？

A. 我是船长，错在我身上。

B. 要怪大副，我的命令没问题，是他掌舵有问题。

C. 实际上这个问题很复杂，涉及气象预报的准确性和海上公共安全等多方面因素。

D. 我个人认为，失败与否并不重要，关键在于这次失败对公众的影响，首先这与孩子们的教育相关……

如果你的心中已有答案，那下面就来看看，每个选项所对应的沟通模式类型吧。

选项 A：讨好型。"讨好"看似是不想把问题闹大，但实际上，在它的背后潜藏着一种更为恶毒的攻击方式。在精神分析中，这种攻击方式被称为"被动攻击"。在过招时，被动攻击会将对方推向"不讲理"的位置，通过舆论伤害对方。讨好的潜台词其实是"你看，我都这样百般讨好你了，你难道还不满意吗？"就拿讨好型的男性举例。女人都希望找一个能做主的男人，而讨好型的男人常常以“女流之辈，不和她一般见识”“让着点女人，男人是要大度些”等观点来自我安抚，处处讨好对方，长此以往，女人就会觉得你缺乏男人气概，换言之就是“窝囊”！讨好型的沟通模式往往导致的结局是：你越讨好，对方越刁蛮，两个人的关系就在不断讨好和不依不饶中逐渐恶化。

选项 B：指责型。“指责”会大大降低一个人的自我效能感，使其深陷自责与自卑之中。此外，指责还会让人感到非常压抑，负面情绪累积到一定程度爆发后，人们常常会说：“反正都是我错，我不伺候了！”指责的沟通模式看似给人强硬、有底气的感觉，但实际上，指责的同时也是自我软弱的表现。因为害怕被否定，不愿承担责任，才会急于指责对方。很多时候，死守“永远正确”的阵地不放过是为了争一口气，所以，当对方承认责任在自己身上后，我们会发现指责的一方反倒会表现出“大度”的谅解。事实上，在家里要要大男人主义并不是坏事，我们从不倡导无条件包容对方的所有错误和缺点，但过多地指责，拒绝承担应有的责任，对婚姻而言绝对是一种严重的伤害。

选项 C：超理智型。多愁善感历来不是男人的作风，但过分理智便会让生活变得非常乏味。刻意回避情感，婚姻就会逐渐失去它该有的热情与温情。尤其是当你的心中形成了情感的空洞后，对方就需要用更多的情感来弥补婚姻中的不足。日子久了，对方也会感到累和想要放弃。男性相对女性来说的确更为理智，而理智也确能为人指引方向，使人不至于迷失在情感的迷雾中。在婚姻里，和与不和说到底都是感情的事。将太多的理智放到婚姻感情里，就会破坏彼此之间的亲密联结。学会收敛和把控情感，这才是真理智。

选项 D：打岔型。在你看来，当遇到你不想直接或马上面对的问题时，打岔似乎是一种不错的应对方式。然而，打岔其实说明了在你的心中存有太多的顾虑，并且你很焦虑。

一般来说，萨提亚所说的沟通模式源自人们的原生家庭，他们在自己的原生家庭里用何种生存姿态，到了工作环境或是另组新家庭，也会用何种沟通模式与别人相处。

· 第三节 ·

高自尊的应对方式

当今社会，通信、电子技术如此发达，人与人沟通变得简单快捷，但是遇到重大问题时，哪怕越半个地球，也要当面沟通，为什么呢？

萨提亚理论认为：任何一种沟通都包含着两方面的信息，即语言方面的和非语言方面的。某个人在做语言陈述时，同时也会自动地表达出包括表情、姿态、皮肤色泽、语音语调以及呼吸频率等在内的多种非语言信息，而且这些非语言的表达往往反映了人们内心的真实状态。

当人们的语言信息与非语言信息一致时，我们就称之为“一致性的沟通”，又称为“表里一致的沟通”。表里一致的沟通模式是一种高自尊的应对方式。它既是一种存在状态，也是一种与自我和他人进行沟通的方式。高自尊和表里一致，是检测一个人是否具有更加完善的机能的两项重要指标。

当我们表里一致时，我们既可以意识、觉察到自己的感受和体验，也能够承认、理解和接纳它们，并且能够表达它们；倾听我们的觉知和期望，并通过觉知我们深层的渴望，将外界和自身条件通过行动转化为满足我们需求的可靠方式，从而充分发挥我们的潜能，使我们的身心保持和谐、平衡状态。

一致性沟通有什么特别之处呢？在表里一致的沟通模式中，自我的感受、他人的感受和情境的要求全部得到了应有的关注和尊重。它是一种对自我独特性的欣赏，是可以自由流动于自身内部和人与人之间的一股

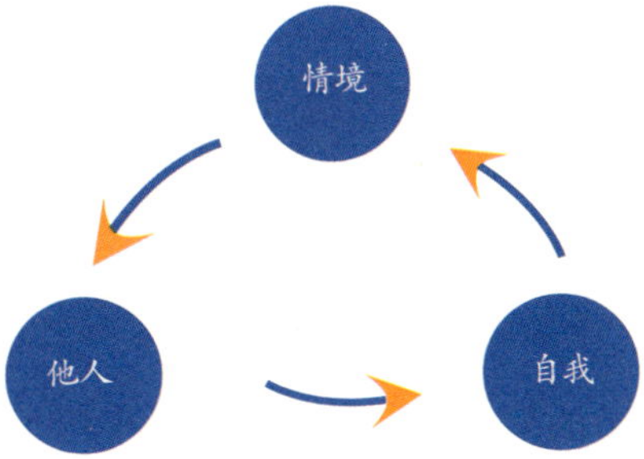

一致性沟通模型

能量，是对个性的主张；能够一致性沟通的人，具有乐于相信自己和他人的意愿，愿意承担风险，勇于承担责任，能够利用自身具有的内部和外部资源，能对亲密关系保持开放的态度，拥有能够成为真实的自己并接纳他人的自由，爱自己也爱他人，面对改变具有开放和灵活的态度。

选择表里一致的沟通时，我们想的不是苛求胜利，不是去控制他人或者情境，也没有忽视自我、他人和情境的存在状况，而是意味着我们选择成为真实的自己，但同时也注意兼顾他人的需要、感受和情境的要求、限制，选择与他人进行接触、沟通和联结。也就是说，我们是站在一个既考虑自己，又关心他人，同时也充分意识到当前情境的角度上，对所面临的问题做出反应。表现出来就是：我们的语言反映的是现实，体现出对于感受的觉察，语言与身体姿势、语调以及内心感受是相匹配的，即与情感一致，语言和情感的表达是流动的、随机应变的；内心的体验是和谐、平衡和高自尊的。

需要说明的是，采用表里一致的沟通模式并不意味着我们一直开心快乐，没有烦恼，也不意味着我们在任何的情境中都会表现得礼貌得体，而是顺应自然，根据不同的对象、情境和时间段的情况，采用灵活机动的应变方式，做出最优化的反应和应对。以表里一致的方式反应只不过是一种选择，而不是必须刻板遵守的规则。

举一个具体的例子：当我们上班迟到而被领导批评时，尽管我们当时会由于各种各样的原因，内心的真实感受是非常的不痛快，但在与领导沟通时，我们就需要以讨好的姿态与之沟通，让事情的处理往有利于自己的方向发展。此时就不能刻板地认为必须要以一致性的姿态进行沟通而表达出自己的不痛快，甚至用责备的姿态与领导沟通。如果那样，事情肯定会大大不妙的。这时候我们需要认真地审视自己及对方的真实意图，巧妙地进行变通处理。

因此，采用何种沟通姿态，要根据情境来随机应变，让我们所采用的姿态有利于沟通的进行，有利于事情的处理。最好的沟通姿态是兼顾了情境、自己的感受和他人的感受而综合做出最优选择的沟通模式。

表里一致的沟通

内心的体验

是和谐

平衡

和高自尊的

· 第四节 ·

清晰准确地表达情绪

了解了自己的沟通模式后，我们可以更清晰地“看见”自己和他人的表达以及言语表达背后的心理需求。有位朋友发留言说和女友吵架了，起因是很小的事情，大概就是女友不让他玩游戏，可具体是什么他都有点忘记了，但就是这样两人开始怄气，谁也没理谁。是不是自己错了？其实他自己也记不清了。反正两人就话赶话地杠起来了，唯一记得的就是当时很生气，越说越气，最后就成了放狠话比赛……我们经常说要觉察自己的情绪，觉察自己的情绪其实是为了了解自己真实的心理需求。比如你和伴侣吵架了，你表现出来的是愤怒。你是否想过，在你愤怒的背后，藏着什么样的需求？很多夫妻因为一些小事情经常吵架，可能争吵的这件事本身并不那么重要，但是因为情绪，事情变得越来越重要。

每一种情绪，都不会凭空出现；每一种情绪的背后，可能都藏着你的某个心理渴望、感受、需求。笼统的词汇很难确切地表达感受，所以，我们需要学习清晰准确地表达感受。

当我们内在的需求得到满足时，我们常常感受到：

兴奋、喜悦、欣喜、甜蜜、感激、感动、乐观、自信、振作、振奋、开心、高兴、快乐、愉快、幸福、陶醉、满足、欣慰、平静、自在、舒适、放松、踏实、安全、温暖、放心、精力充沛、兴高采烈、心旷神怡、喜出望外……

当我们内在的需求没有得到满足时，我们常常感觉到：

害怕、担心、焦虑、忧虑、着急、紧张、忧伤、沮丧、灰心、气馁、泄气、绝望、痛苦、伤感、凄凉、悲伤、恼怒、烦恼、苦恼、生气、厌烦、不满、不快、震惊、失望、困惑、茫然、寂寞、孤独、郁闷、难过、悲伤、沉重、麻木、尴尬、惭愧、内疚、遗憾、烦躁、妒忌、不高兴、不舒服、心神不宁、心烦意乱、筋疲力尽、萎靡不振、疲惫不堪、昏昏欲睡、无精打采……

无法表达的情绪背后有一个内在需要，被满足后即会呈现开心、喜悦、幸福、平静等状态，若未被满足则会通过所谓的负面情绪如愤怒、悲伤、难过、害怕等来表达。我们表达得越准确，他人就越能理解我们的需要。

每一种情绪

都不会

凭空出现

每一种情绪的

背后

可能都藏着

你的某个

心理渴望、感受、需求

· 第五节 ·

表达愤怒，而不是愤怒地表达

比如，老公每天都很晚回家，自己一个人寂寞地等待老公回家，其实想要的是老公早一点回家陪自己，但很多人常常会抱怨、指责或者发脾气，以不要的方式来实现自己的要："你每天怎么这么晚回家？是不是不爱我了？是不是不要这个家了……"

这样表达，对方收到的是指责，往往顾着解释自己，却很难明白你的真正需求。我们要学会表达我们要的，而不是不要的。

"老公，我想要你早点回家陪我，因为我需要你……"

表达感受，而不是情绪，表达自己是愤怒的，而不是愤怒地去表达。

我们成长的环境里，小孩对大人说"不"，是"不乖"的，是不可以的，跟父母发脾气也是大逆不道的，所以长大后我们常常不会表达愤怒。不是说我们不会有愤怒，而是不会“表达愤怒”。于是，学会了“委屈、生闷气”。

一个妻子满心欢喜地做好了一桌菜等待丈夫回来庆祝结婚纪念日，可是等来等去菜都凉了，丈夫还没回来。妻子开始是满腹柔情蜜意，高高兴兴地等着丈夫回来给他个惊喜，等着等着，开始失望，接着又开始生气：连结婚纪念日都敢忘记，是不是不在乎我呀？想着想着，又开始委屈伤心，再等还不回来，就开始担心了：他是不是出事了呀？现在交通这么不好，不会出点什么事吧？于是开始坐立不安，如果恰巧丈夫手机打不通，做妻子的更要担心得抓狂了。终于，在妻子急得快要报警时，丈夫回来了，做妻子的开门一看，一颗悬着的心马上放下了：还好，回来了，幸好他没事。可是没事不早点回来，还满身酒气，真是气死人了！于是，不到一秒钟，妻子忘了前面所有的情绪纠结，只剩下一种情绪：愤怒。

愤怒的妻子开始大吼：“你还有脸回来呀，你没死外面呀！”丈夫一脸莫名其妙：“你有病吧，我为了工作忙活到半夜，就是为了听你河东狮吼来了？”于是，两人开始唇枪舌剑，把彼此伤害得遍体鳞伤。

如果能给彼此一点时间，如果妻子能够及时地觉察自己的情绪，如实地告诉丈夫自己的情绪：“今天是咱们的结婚纪念日，我满心欢喜地准备了一桌饭菜等你回来，可你一直没有回来，手机也打不通，我都快担心死了，看到你平安回来的那一瞬间，我真高兴，不过，我现在很愤怒！”这个架还打得起来吗？做丈夫的只怕懊悔、心疼都来不及，还能吵架？

有时候，冲突是有好处的，权力之争会带来对关系呵护的力量感。从沉默的委屈到有力量的表达，从防御的控制到尊重彼此的探讨。

有一天你带着孩子在外面玩，突然孩子不见了，发现孩子不见的那一瞬间，我想全天下的父母都会害怕得不得了，担心孩子出事；找到孩子的那一瞬间，我想全天下的父母也会欣喜若狂，幸好孩子没事。当然，狂喜过后，接下来表达的却是生气和愤怒。

修养好点的父母，大声训斥：“吓死我了，你这孩子，怎么四处乱跑？你成心要我着急吗？你要被人抱走了，你就没妈妈了！”受到指责的孩子，往往忙于解释自己去干什么了，忙于让自己显得无辜，以免受到父母更凶猛的责骂；而小一点的孩子，则会迷茫地看着愤怒的父母，不知道他们在说什么，也不知道自己做错了什么，他们已经完全被父母的情绪吓坏了，只觉得害怕、委屈。

脾气没那么好的父母则有可能干脆把孩子打一顿，以便让孩子长点记性。问题是，挨打受骂的孩子真的会长记性，下次不再乱跑吗？有几个孩子在受到打骂的时候，心里不觉得委屈、愤怒，反而会告诫自己“是的，我错了，我让爸爸妈妈担心了，我下次再也不乱跑了”？这样想的孩子有多少呢？父母本来的意愿是让孩子长记性，下次不再乱跑，但这样教育的结果确实让孩子长记性了，那就是他们记住了，父母是多么的不讲道理，自己刚走开几步，就被不分青红皂白地打骂一番。

有人可能会觉得这有点小题大做或者对父母要求过高了，面对乱跑的孩子，谁不生气？对，确实可能会生气，但生气之前呢，你是怎么想的？在找到孩子的那一瞬间，你生气吗？不，我确信，在找到孩子的那一瞬间，你一定是和我一样，欣喜若狂，幸好孩子没丢。再往深处想，在找孩子的过程中，你的感受则是担心、害怕。所以，假如我们训斥孩子，只是用非常激烈的方式告诉孩子自己的愤怒，但我们找到孩子的那一瞬间，我们真正的感受——欣喜、高兴，却没有让孩子知道，寻找孩子的过程中那种担心紧张，我们也没有告诉孩子。其实我们最应该告诉孩子的是我们真正的感受："找到你我实在是太高兴了，刚才我看不到你的时候，特别担心，我害怕你丢了。"

愤怒是被允许的，它不会阻碍我们的善良和爱意。它可以被"慈悲地表达"。当我们都学会如何表达自己的愤怒时，善意没有消失，连接没有断裂，关系的花园，却多了生机和芬芳。

《阿飞正传》里有一句经典台词："你为什么要迁就我？你迁就我一时，你迁就不了我一辈子。"迁就得多了，终有爆发的一天。人与人之间有效沟通需要的不是迁就，而是表达所需。不是在喧闹中指责对方："你们好吵好烦！"而是告诉对方："我现在需要安静的空间看会儿书。"不是在难过时埋怨对方："你都不关心我！"而是告诉对方："我需要你抱抱我。"我们可以表达自身的愤怒、不满和哀怨，但别以愤怒、不满或者哀怨的方式去表达。凡事不用猜，让爱你的人更懂你。

认清自己的渴望、需求，学会表达，就可能和他人建立更健康的关系。学会满足自己，也尊重对方！

认清自己的

渴望、需求

学会表达

就可能和他人

建立

更健康的关系

· 第六节 ·

沟通高手：一致性沟通

有一位学员，她的老公有乱丢臭袜子的习惯，她说了很多次，老公依然乱丢袜子。后来只要看到老公乱丢袜子，她就和老公大吵一顿，希望老公能长记性，但是老公依然我行我素。一次老公甚至把袜子丢在了饭桌上，这让她再也无法忍受，愤怒之下提出了离婚的要求。老公很是纳闷：至于吗？就这么点小事你和我提离婚。这位学员说，她其实很爱她的老公，但是真的无法容忍老公的这些问题，自己是一个活得很精致的人，不能容忍老公这么邋遢的一面。沟通、吵架都无济于事，感觉让他改掉这个习惯比登天还难。指责和忍受都没有用，最后她试着用了一致性表达的方式：

“老公，这个房间这么整洁，你东丢一只袜子，西丢一只袜子，不但影响整洁，气味还很难闻，让我感觉很不舒服，不但是我不舒服，你和孩子都不舒服。答应我，下次不要乱丢了好吗？”

她说那天老公愣了愣，转身把自己所有的袜子都收了起来扔进了洗衣机。第二天老公没有乱扔，到了第三天，依然没有乱扔，甚至看到家里有哪里不整齐、不干净的地方还主动上去收拾。

这就是一致性沟通的魔力，一致性沟通有一个简单的四步法：

第一步，描述事实：老公，这个房间这么整洁，你东丢一只袜子，西丢一只袜子，

第二步，表达感受：不但影响整洁，气味还很难闻，

第三步，表达需求：让我感觉很不舒服，不但是我不舒服，你和孩子都不舒服。

第四步，提出请求：答应我，下次不要乱丢了好吗？

假如这位学员的沟通方式是：“跟你说了多少次了，袜子不要乱丢，自己袜子多臭不知道啊？洗你都从来不洗，就知道乱丢，真不知道你这个人怎么这么邋遢……”这种语气就是完全站在指责的角度去沟通，满含人身攻击，对方只会产生排斥和抵触的情绪，吵完这

一架，还有下一架。

一个人无法接受“我是一个有需求的人”时，就会把自己放到付出的制高点上要求别人付出。这样他就既能索取，又回避掉了“我对你有需求”的感觉。

无法表达的情绪背后有一个内在需要，被满足后即会呈现开心、喜悦、幸福、平静等状态，若未被满足则会通过所谓的“负面情绪”如愤怒、悲伤、难过、害怕等来表达。因为无法表达情绪，感受也就无法表达爱，所以我们应学会满足负面情绪中的正面需求。

如果我们愿意在意识水平上做出这种选择，就需要我们充分地觉察、了解，接纳自我、他人和情境，并为自己的需求负责。

萨提亚女士有一首诗讲了一致性表达的精髓：

当我内心足够强大，
你指责我，我感受到你的受伤；
你讨好我，我看到你需要认可；
你超理智，我体会你的脆弱和害怕；
你打岔，我懂得你如此渴望被看到。

当我内心足够强大，

我不再防卫，

所有力量在我们之间自由流动：

委屈，沮丧，内疚，悲伤，愤怒，痛苦，

当它们自由流淌，

我在悲伤里感到温暖，

在愤怒里发现力量，

在痛苦里看到希望。

当我内心足够强大，

我不再攻击，

我知道，

当我不再伤害自己，

便没有人可以伤害我，

我放下武器，敞开心；

当我的心柔软起来，

便在爱和慈悲里，

与你明亮而温暖地相遇。

原来，让内心强大，我只需要看到自己，接纳我还不能做的，欣赏我已经做到的，并且相信走过这个历程最终可以活出自己，绽放自己！

原来

让内心强大

我只需要

看到自己

接纳我还不能做的

欣赏我已经做到的

并且相信

走过这个历程

最终可以

活出自己

绽放自己

第四章

情绪的能量等级

我爱我自己，我有资格爱与被爱，我有权利追求成功、快乐，我有资格成功，也有资格失败。

· 第一节 ·

你在哪个情绪能量等级上？

美国心理学家大卫·霍金森博士做了 30 多年的科学实验，总结出一些可以推广的规律，他说，这个世界上的人，就和整个宇宙一样，是一些能量的振动而已，那些能量的振动没有什么好坏之分，也不分正负，虽然我们比较习惯于用“正能量”来形容那个好的状态，可是如果从物理学、心理学的角度看，能量是不分正负的，它就是有不同的频率。它有高频也有低频，越轻的东西，比如思想、念头，其频率就越高，像桌子、椅子这些看得见摸得着的物质的东西，它的振动频率就会偏低，所以整个宇宙就是一个能量振动的状态。

关于能量，它是一个客观的存在，是可以测量的，能量守恒定律说的是能量不能凭空消失，只能被转化。同时，通过我们每个人的情绪反应这一指标，可以发现它有一些相关性。霍金森博士他们做了大量的测试之后，发现不同的情绪反应有不同的振动频率，有不同的能量等级，不同的能量等级决定不同的生命能量状态。

霍金森博士将各种物质的能量从 0—1000 进行赋值，认为能量层级 250 是一个人过上有意义、顺意生活的开端。当某人的能量层级由于外在条件而降到 200 以下，他就开始丧失能量，变得更加脆弱，更加为环境所左右。

一个人能量层级有的时候高，有的时候低。一个人的能量层级水平跟一个人的心境直接相关。

Shame（羞愧）：20 羞愧带给人们的伤害极大。当一个人产生巨大的羞愧感时，恨不得找个地缝钻进去，或者巴不得自己能够立刻死去——羞愧往往会让人丧失活着的意志。

羞愧的能量级几近死亡，它犹如意识的自杀行为，巧妙地夺去人的生命。在羞愧的状况下，我们恨不得找个地缝钻进去，或者是希望自己能够隐身。这是一种严重摧残身心健康的状况，最终还会让我们的身体生病。

霍金森博士认为，羞愧有正负两类，正类是为一时做了违德之事而羞愧，知羞才能改错，这是挽回能量层级的

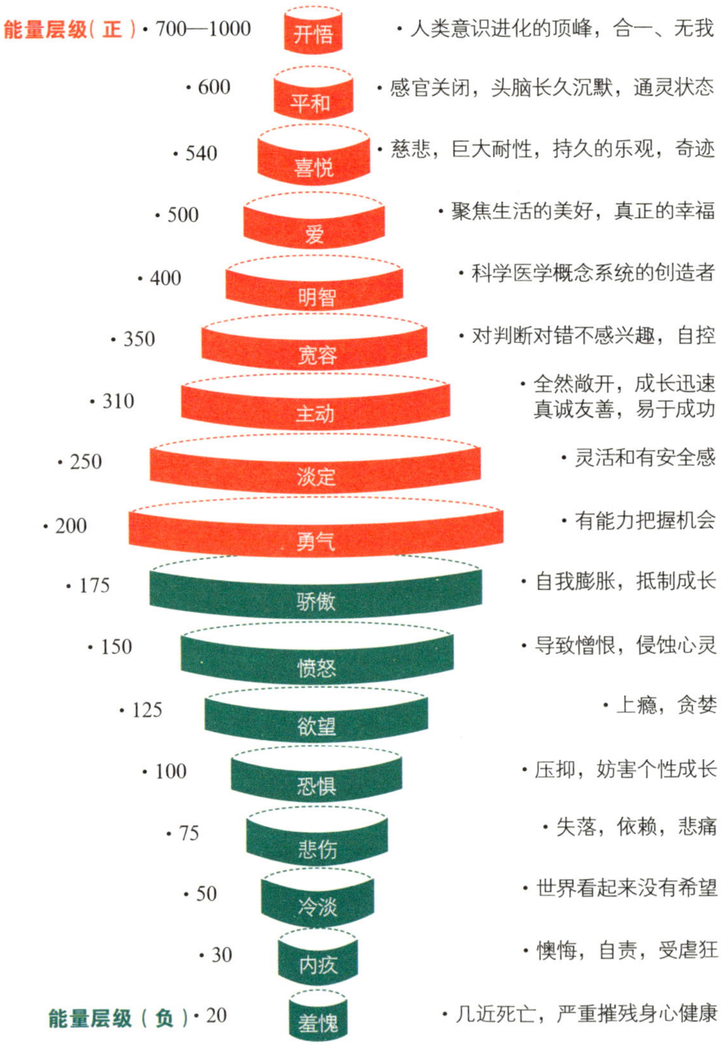
能量层级（正）· 700—1000
开悟
· 人类意识进化的顶峰，合一、无我
· 600
平和
· 感官关闭，头脑长久沉默，通灵状态
· 540
喜悦
· 慈悲，巨大耐性，持久的乐观，奇迹
· 500
爱
· 聚焦生活的美好，真正的幸福
· 400
明智
· 科学医学概念系统的创造者
· 350
宽容
· 对判断对错不感兴趣，自控
· 310
主动
· 全然敞开，成长迅速
真诚友善，易于成功
· 250
淡定
· 灵活和有安全感
· 200
勇气
· 有能力把握机会
· 175
骄傲
· 自我膨胀，抵制成长
· 150
愤怒
· 导致憎恨，侵蚀心灵
· 125
欲望
· 上瘾，贪婪
· 100
恐惧
· 压抑，妨害个性成长
· 75
悲伤
· 失落，依赖，悲痛
· 50
冷淡
· 世界看起来没有希望
· 30
内疚
· 懊悔，自责，受虐狂
能量层级（负）· 20
羞愧
· 几近死亡，严重摧残身心健康

霍金森能量层级图

先决条件；负类是为失却名位脸面而羞愧，它会萌生阴暗心态甚或加速堕落，当然会降低能量层级。

Guilt（内疚）：30 内疚感会吞噬我们的身心，让人感觉不到活着的价值。内疚产生的负罪感会让人失去一切向上的积极动力。当人在内疚时，就像被揉成一团丢在角落的纸。内疚感以多种方式呈现，比如懊悔、自责、受虐狂以及所有的受害者情结。无意识的内疚感会导致身心的疾病，以及带来意外事故和自杀行为。它也经常表现为频繁的愤怒和疲乏。

内疚与羞愧一样，也有正负两类，正类能促人纠正过错，并很快转内疚为外施，进而提升能量层级；负类则会演变为病态心理。

比如说，我们一直告诉孩子："你得好好学习，我们全家都是为了你，你要是学不好，对不起你爸妈，你看我们多不容易！"如果这是我们对孩子教育的常用语言，就会发现我们越这样说，孩子似乎更学不好，因为这是不断地给孩子制造内疚和羞愧，他的能量层级就更低，更低就更没有力量去做自己想做的事情。

Apathy（冷淡）：50 冷漠的人往往处在贫困、

失望和无助感之中。当一个人对于外界感到冷漠，他会觉得整个世界与前途都凄凉暗淡。许多人把这种情绪隐藏在伪装的快乐或虚假的一切都很好的表面下。冷漠的人的心门通常已经向世界关闭了，他们难以感受到任何真挚的情谊，世界与未来都看起来没有希望。冷漠意味着无助，让人成为生活中各方面的受害者。他们缺乏的不只是资源，还缺乏运气。除非有外在的帮护者提携，否则很可能会潦倒至死。

Grief（悲伤）：75 悲伤让人软弱无力。忧伤、忧郁的人的生命没有活力，他们为失去的人、事、物感到哀伤，无法自拔，他们需要依赖别人，靠别人获得能量和乐趣。大部分的人一段时间便会恢复，但也有人始终陷溺其中无法自拔。这种生活充满了对过去的懊悔、自责和悲恸。在悲伤中的人，看这个世界都是灰黑色的。因为有这样的心态，所以吸引而来的一切都是不顺心的。处于悲伤这个能量级别的人，会感觉有流不完的眼泪。常言“化悲痛为力量”，是说要“节哀”，所谓“节哀”就是要让能量上升到勇气的级别。

Fear（恐惧）：100 恐惧是很多人一生都很难跨

越的障碍：对于死亡的恐惧、对于失去的恐惧、对于未知的恐惧。恐惧会让我们陷在黑暗中动弹不得，失去前进探索的勇气。恐惧禁锢了我们的生命力，让我们的信心冻结。从这个能量级来看世界，到处充满了危险、陷害和威胁。一旦人们开始关注恐惧，就真的会有数不尽的让人不安的事来临。之后会形成强迫性的恐惧，这会妨害个性的成长，最后导致压抑。

Desire（欲望）：125 欲望让我们耗费大量的努力去达成我们的目标，去取得我们的回报。这也是一个易上瘾的能量级，不知道什么时候，欲望会膨胀到无法自控。欲望意味着累积和贪婪。这里所指的欲望，也可以理解为我们执着的心理、打不开的心结、上瘾的需求。例如，畸形的性需求，不可控制地寻求性满足。又如，有关于钱的心结，想尽办法去追求。有这样一个例子，某人拼命地挣钱，已经有了上千万的财产，还在拼命地挣，钱已经很多，却舍不得花出去，甚至朋友有困难，向他借2000元，他怎么也不愿意，可以称得上“守财奴”了。欲望到了上瘾的时候，人看向自己、外界的清晰度大大降低，他们对自己、对世界的看法都是扭曲的。所谓“一叶障目”

就是这个意思。

对于权力、名誉等的执着，常常也使人的能量状态处于这个层次。有时候，看起来似乎能量很大，但其实很低，因为当事人已经“利令智昏”，思维的逻辑已经到了十分异常、荒诞、幼稚的程度，旁人很清楚，他们自己却难以觉察，这常常会使他们遭遇灾难。

Anger（愤怒）：150 愤怒的振动频率是150，欲望的振动频率是125，这两个是高的负面频率。欲望和愤怒并非完全的负面，由欲望和愤怒可以衍生出许多强大的动力，这些动力往往可以向更积极的方向去转化。如果有人能跳出冷漠和内疚的怪圈，并摆脱恐惧的控制，他就开始有欲望了，而欲望则带来挫折感，接着引发愤怒。愤怒常常表现为怨恨和复仇心理，它是易变且危险的。愤怒来自未能满足的欲望，来自比之更低的能量级。挫败感来自于放大了欲望的重要性。愤怒很容易导致憎恨，这会逐渐侵蚀一个人的心灵。

在心理调整中，愤怒是非常关键的一个能量级别。愤怒情绪，如果调整得当，很容易上升为勇气。

Pride（骄傲）：175 比起其他的较低频的能量级，

人们会误认这个能量级是积极的。而事实上骄傲让人感觉好一些，只是相比其他更低的能量级而言。骄傲是具有防御性和易受攻击性的，因为它是建立在外界条件下的感受。一旦条件不具备，就很容易跌入更低的能量级。自我膨胀是骄傲自大的助推器，而自我常常是易受攻击的。因此骄傲的演化趋势是傲慢和否认。而这些都是抵制成长的。骄傲背后的情绪是恐惧感，害怕自己不如其他人。

Courage（勇气）：200 从心理咨询的角度来看，一般要有勇气闪现（这并不意味着已经到了这个能量级别），当事人才能够主动去寻求帮助。霍金森说："来到 200 这个能量级，动力才显端倪。勇气是拓展自我、获得成就、坚忍不拔和果断决策的根基。"在羞愧、内疚、冷淡、悲伤、恐惧的低能量级别，人们沉溺在自己的状态，是封闭的，难以走出去。

由此来看，勇气是一个非常重要的分界线和过渡阶段。在这个有能动性的能量级，人们有能力去把握生活中的机会，因此个人成长和接受教育是可行的途径。那些能够打击能量级低于 200 的人的障碍，对进化到 200

能量级的人来说则是小菜一碟。到了这个能量级的人们，总是能尽量回馈足够多的能量给这个世界。

Neutrality（淡定）：250 从事心理服务工作的人，起码也应该是在这个级别上。到达这个能量级，能量就变得活跃了。在低于250的能量级，意识是多少趋向于分裂和刚性的，在淡定的能量级则是灵活和无分别性的，能够比较放空地客观看待、对待现实中的问题。来到这个能量级，意味着对结果的超然，一个人不再受愤怒、委屈、无奈、焦虑和恐惧等负面情绪控制。在这个能量级的人具有安全感，也给人安全感。在这个能量级的人们，一般都很容易相处，而且让人感到可靠。因为他们无意于争端、竞争。这样的人总是镇定从容，他们不会去强迫别人做什么。由于在这个级别上，人能够相对放空，能量已经能够超越自我中心，可以真正地关注他人。

Willingness（主动）：310 这个意识层次可以看作是进入更高层次的一道门。在淡定层次的人，会如实地完成工作任务；但是在主动层次的人，通常会出色地完成任务，并极力获得成功。这个能量级的人的成长是迅速的，他们是为人类进步而预备的人选。低于200能量级的人，他们的思想是封闭的，但是能量级为310的人们则是全然敞开的。

主动意味着对于生活有热情和活力，已经远远告别了抑郁，在生活需要的时候，随时能够把能量投注出去。

霍金森说："这个能量级的人，通常是真诚而友善的，也易于取得社交和经济上的成功。他们关注社会，能够有助于人，甚至对社会的进步做出贡献。他们也乐意面对自己内在的状况，不存在较大的学习障碍。鉴于他们具有从逆境中崛起、学习到经验的能力，他们都能够自我调整。由于已经释放了骄傲，他们能够看到自己的不足并学习别人的优点。"这个"主动"有别于主动去讨好别人，因为讨好的主动是出于恐惧。

Acceptance（宽容）：350 在这个能量级，一个巨大的转变会发生，那就是了解到自己才是自己命运的主宰，自己才是自己生活的创造者。低于200能量级的人是没有力量的，通常视自己为受害者，完全为生活所左右。这个看法的根源是，认为一个人的幸福和苦难来自某个"外在"的东西。在宽容的能量级，没有什么

“外在”能让一个人快乐，爱也不是谁能给或夺走的，这些都来自内在。

宽容意味着对他人的完全接纳，宽容意味着让生活如它本来的样子，并不刻意去塑造成一个特定的模式。在这个级别的人不会对判断对错感兴趣，而是乐于参与解决困难。他们更在意长期目标，良好的自律和自控是他们的显著特点。

Reason（明智）：400 超越了感情化的较低能量级，就进入有理智和智能的阶段。这是科学、医学以及概念化和理解能力形成的能量级。知识和教育在这里成为资历。诺贝尔奖获得者、大政治家和高级法庭审判长，爱因斯坦、弗洛伊德以及历史上的很多其他思想家都属于这个能量级。明智并不能让人走向真理，它只是能制造出大量的信息和文档，但是缺乏解决数据和结果差异性的能力。明智本身是通往更高能量级的最大障碍。

Love（爱）：500 500能量级的爱是无条件的爱，是不变更的爱，是永久性的爱。这种爱不会动摇，它不是来自外界因素。

爱是存在的基本状态。爱是宽容、滋养和维持这个世界的。它不是知性的爱，不是来自头脑的爱，它是发自心灵的爱。爱总是聚焦在生活美好的那一面上，并且增大积极的经验。这是一个真正幸福的能量级。

Joy（喜悦）：540 此喜悦非一般意义所说的喜悦，当爱变得越来越无限的时候，它开始发展成为内在的喜悦。这是在每一个当下，从内在而非外在升起的喜悦。在能量级超过 500 的人看来，这个世界充满了闪亮的美丽和完美的创造，一切都毫不费力地同时发生着。在他们看来是稀松平常的作为，会被平常人当成是奇迹。540 能量级也是拥有治疗能力和精神独立的能量级。由此往上，就是很多圣人和高级修行者以及治疗师的能量级。

这个能量级的人具有巨大的耐性，对一再显现的困境具有持久的乐观态度以及慈悲。到达这个能量级的人对其他人有显著的影响。他们持久性的关注会带来爱和平静。

Peace（平和）：600 这个能量层级和所谓的卓越、自我实现有关。它非常稀有，一千万人当中才有一个人能够达到。而一旦达到这个能量级，内与外的区分就消失了，感官被关闭了。

能量级 600 及以上的人的感知如同慢镜头一样，时空悬停了——没有什么是固定的了，所有的一切都生机勃勃并光芒四射。虽然在其他人眼里这个世界还是老样子，但是在他们眼里世界却是一个和宇宙源头进化一起舞蹈的、不断浮动进化的流转。

Enlightenment（开悟）：700—1000 这是历史上所有创立了精神模范，让无数人跟随的伟人的能量级。这是强大灵感的能量级，这些人的诞生，形成了影响全人类的引力场。

身体成了意识降临头脑的一个工具，它的首要价值就是连接这两者。这是非二元性的，是完全合一的能量级。

如果我们一直处在一个较低的能量层级之中，我们就会吸引很多不好的人、事、物。一旦可以突破到新的级别，整个人生会完全不同。之所以很多的人虽然在不断学习，扩充知识，却很难真正地成长，生活也没有明显的改善，原因就在于，虽然头脑的知识量增多了，可是能量级别没有改变。如同自行车与汽车，即使自行车安装再多的加速工具，也仍然比不上汽车的功率。

用这个情绪能量等级的方式去检测自己的、爱人的、父母的、身边朋友的能量等级，就差不多可以知道整个家庭和身边环境的能量频率是什么状态了。一个人的能量等级越高就越受欢迎，越吸引人靠近。

水有三种状态，固态、液态、气态，水的状态是温度决定的。人生也有三种状态，冻结、常温、沸腾，人生的状态是由人心灵的温度决定的。

假如一个人的心灵温度是 0 ℃以下，那么这个人生活的状态就会如履薄冰，他的整个世界、整个人生也就不过他双脚所站立的区域那么大。

假如一个人的心灵温度是常温，抱着平常心去生活，那么他就是一汪可流动的水，他可以流进大河、大海，但他依然离不开大地。

假如一个人的心灵温度是沸腾的，他的人生也是炙热的。他不仅是水，还可以成为水蒸气，成为云朵，飞向天空。他不仅拥有大地，也拥有天空，他的世界和宇宙一样大。

同时不管此时在什么样的能量状态，你都可以做个决定：是继续停留在这里，或干脆掉下去，还是向上走。当我们有觉察时，每一个成人在每个当下都有选择权，决定是否开始承担我们人生的责任!

人生也有
三种状态
冻结、常温、沸腾
人生的状态
是由人
心灵的温度
决定的

· 第二节 ·

提升情绪能量频率从接纳自我开始

自我能量提升，最重要的一点是接受自我，这是爱自己、高自尊人生的开始。

我接受我自己，我接受我的不完美，我接受我的全部，我完全地接受我自己。

我接受我的生命传自我的父母，我接受我隶属的家族系统。

我接受我曾经走过的每一步路，我接受路上我的每一次失败与挫折。

我接受我曾经有过的每一次伤害与羞辱，我接受成长过程中的每一次经验，因为它们的唯一意义是让我成长得更好。

我接受我的生命带给我的一切，我接受生命中无法改变的部分，我也接受生命中需要改变的挑战。虽然我不完美，但是我每天都可以更好。

我不能操控别人，别人也不能操控我，我尊重每个人都可以有不同的意见。别人不一定要听取我的意见，我也不一定要听取别人的意见。如果我选择了别人的意见，我需要对本人的决定负责任而不是归咎于别人。照顾我的人生是我的权利与责任。

我爱我自己，我有资格爱与被爱，我有权利追求成功、快乐，我有资格成功，也有资格失败。

我尊重本人的界线，也要求别人尊重我的界线，我不伤害别人，也有能力不让别人伤害我。

我接受我自己，我接受我的不完美，我接受我的全部，我完全地接受我自己。

· 第三节 ·

69 个提升情绪能量频率的方法

我们只是活在由自己的感官所塑造出来的主观世界里，所以可以从我们的眼、耳、鼻、舌、身、意、色、声、香、味、触等方面，提升自己的能量频率，下面是 69 个提升小技巧，读者朋友可以随时随地进行练习。

1. 经常欣赏、赞美身边的人，特别是父母、孩子和伴侣。

2. 多去大自然中走走，躺在草地上，听听鸟儿悦耳的鸣叫。

3. 看日出，或者看日落，接受太阳的恩典。

4. 在家中布置鲜花，花朵是美的化身，经常闻一闻花香，让自己心情愉悦。

5. 听美妙的音乐，买一个音响放在家里，经常播放优美的音乐。

6. 焚香，点芳香蜡烛，或者香氛精油。

7. 多看正面的消息，尽量避免关注负面消息，并坚持不说粗话。

8. 经常闭上眼睛深呼吸，觉察呼吸和身体的存在。

9. 养植物，并精心照料它们，观察它们的生长。

10. 保持幽默，多看正能量的影视节目。

11. 尽可能地多微笑。微笑的感觉发自你的内心，流遍全身，散发到你的周围。

12. 放一首喜欢的音乐，随着音乐自由舞动身体。

13. 唱歌，抒发美好感受。

14. 看一部好电影。

15. 发挥创造力，画画、写作、烹饪或做任何能表达自己对生活的热爱的事情。

16. 早睡早起，养成良好的作息习惯。

17. 和天真活泼的孩子一起玩耍。

18. 整理居室和办公室，学习“断舍离”。

19. 约上几个好友一起去旅行。

20. 多运动，享受流汗的快乐，使身体拥有健康活力。

21. 经常与身体对话，感恩身体。

22. 跟乐观的人在一起，删掉朋友圈中经常传播负面信息的人。

23. 做自己喜欢的事情，对于不想做却不得不做的事情，尽量从中找到自己喜欢的一面。

24. 感恩你所拥有和经历的一切。

25. 在吃饭前，对你吃的食物表示感恩，感谢所有你吃的东西，谢谢它们滋养你的身体。

26. 爱自己，爱别人，爱这个世界。

27. 经常跟所爱的人在一起，并告诉他们你的爱，爱是需要表达的。

28. 把自己的优点写下来，经常看一看，赞美自己。

29. 每天祈祷，把你的愿望告诉宇宙，也为这个世界和更多人祈祷。

30. 宽恕曾经伤害过自己的人。

31. 向自己曾经伤害过的人主动道歉，学会说：对不起，请原谅，谢谢你，我爱你。

32. 爱护和关心小动物，路边见到死去的小动物就去把它们埋起来。

33. 参加义工组织，奉献自己的力量。

34. 停止抱怨，想要抱怨之前，先想想这件事情好的那一面。

35. 尽量不对身边的人发脾气，以更加温和委婉的方式表达自己的意见。

36. 孝顺父母，常常回家陪伴父母或者经常打电话给他们。

37. 看到整洁的地面上有垃圾，就去捡起来扔到垃圾桶里。

38. 在每次喝水之前，感谢水，并想象喝下去的水净化身体的每一个细胞。

39. 节约资源，见到水龙头没关就去拧上，洗完衣服的水可以拿来冲厕所。

40. 打扫居住和工作的环境，扔掉没有用的东西，断舍离。

41. 给处于困境中的人一点善意的帮助。

42. 多素少肉，多吃蔬菜、水果等新鲜食物。

43. 与喜欢的朋友聚会，远离负能量的人。

44. 努力养成好习惯，改掉坏习惯。

45. 每天坚持学习新东西，学习新的知识、新的技能、新的语言等。

46. 多读一些经典，如佛陀、老子、耶稣、孔子等圣贤所留下的教导。

47. 有目的地提高振动频率，让自己更幸福，更自由，更加接近自己的梦想。

48. 去看望曾经教过自己的老师，或是经常给老师打个问候的电话，常常感恩老师的教导。

49. 给自己设定一个时间期限，去完成那些拖延了很久的事情，会非常有成就感。

50. 到商场购物，买能让自己开心的东西。

51. 减少欲望，买东西前问问自己是不是真的需要它。

52. 把自己多余的物品，如衣物、图书、生活用品送给有需要的人。

53. 主动关心身边的人，经常送一点小礼物给他们。

54. 如果一直想做一件事情却没有勇气，就突破恐惧去实现它。

55. 学会拒绝别人提出的无理要求，让自己内在强大，但不是强势。

56. 尽量保持中立和理性的态度，不偏激。

57. 参加心灵成长类课程，不断提升自己。

58. 每天反省和总结自己的言行，每天进步一点点。

59. 分享自己看过的精彩的电影、图片、音乐、文章，给别人分享喜悦和美好，自己就会收获更多美好。

60. 写感恩日记。

61. 找一些能够净化心灵的经典文章，经常诵读。

62. 和志同道合的人分享自己的梦想，做一个梦想清单。

63. 就像你已经实现梦想时那样生活。

64. 性爱，与自己所爱的人灵与肉的结合，可以得到美好的感觉。

65. 对自己不知道的事物保持开放态度和好奇心，愿意试着去了解，而不是急着否定。

66. 练习瑜伽，提高觉知能力。

67. 睡觉，让自己充分休息。

68. 经常冥想，有助于帮助我们和能量源头连接。

69. 将你的所有成就、所拥有的一切列出一张清单，每天看一下。

祝福你拥有勇气，去改变必须改变的；

祝福你保持平静的心，去接受不能改变的；

祝福你修炼得更智慧，去区分这两者。

· 第四节 ·

远离冷暴力

冷暴力，是亲密关系中级别很高的杀伤力，比吵架还高。它主要表现在对你没兴趣、不爱交流、逃避、情感淡漠、不关心，甚至不回应。对一切表现得冷漠、平静而又无所谓。比如亲子中的冷暴力，妈妈给孩子辅导作业的时候非常努力，孩子却怎么都不反应。他不认真、无所谓的态度，能让妈妈分分钟抓狂，感觉自己养了个假孩子。冷暴力，是让人抓狂的一种行为，想放下，又放不下；想抓起，又抓不起。人们处在这样的人际环境中，也很容易降低自己的情绪能量。

被冷暴力时经典的语句就是："你倒是说话呀，不要逃避问题。"被冷暴力折磨的人，会宁愿对方跟自己大吵一架，可是，冲突对他们来说都是奢侈的，对面不说话的人，只想静静不想理你。冷暴力的残忍之处在于：连人际关系中最基础的回应，你都难以得到，而关心、认可、尊重、理解，这些别人家正常的爱，就变得更加奢侈，让你分不清你到底是跟一个正常人在一起，还是跟一个植物人在一起。甚至你宁愿他变成植物人，宁愿他不是亲生的，至少这样你还能找到一点理由安慰自己。

感情里，为什么有人喜欢逃避，习惯用冷暴力去处理矛盾？除了他人格本身有问题外，另外一个人做什么会加剧他的冷暴力？首先排除不爱。冷暴力就是不爱了吗？可是不爱了，为什么不离开？因为现实原因？真的那么难克服吗？因为责任？责任就是爱的1/3啊。爱情心理学专家斯滕伯格曾说："亲密、激情、承诺，是爱情的三大要素。"但好像没几个爱情能全部具备。如果你非常确认他就是不爱了，那你为什么要跟一个不再爱你的人反复纠缠呢？

有时候我们更愿意相信，另外一个人即使在对你冷暴力，也依然对你存在着爱。只是他承受着某一种压力，无法正面应对，不得不选用逃避的方式来应对。"索取"，这是很多情侣之间的"毒瘤"，拉着另外一方陪着自己做他不愿意做的事，认为你不陪我做，就是不爱我的表现，不断地索取对方的时间和自由，这样一来，对方就没有自己的心理空间，就很有心理压力，就会体验到被入侵、被强迫、被吞噬，就想逃。他没有办法消化这种压力，只能采用暂时性封闭自己的方式来隔绝压力。这时候，他的表现看起来就是冷暴力了。冷暴力的重要成因之一，就是体验到了被过度索取。

一个在逃避，一个在索取，两个人都无法称心如意，于是冲突。那么，到底是谁的错？到底什么是冷暴力呢？交流少、情感淡漠，就是冷暴力吗？很多夫妻住在一起，各过各的，也很和谐，没觉得这是冷，更没觉得这是暴力，甚至觉得彼此不怎么打扰是一种美德。所以客观上不存在冷暴力，它只存在于主观体验。那，“冷”是怎么产生的呢？为什么会有人体验到冷，甚至要用暴力来形容？因为对方给出的爱和回应都太少，你就体验到了冷。而你不喜欢这种冷，就称对方为暴力，进行指责。

那么问题就是：体验到冷暴力，到底是因为对方给的太少，还是因为你的需求太多？这是个相对的问题，没有客观的标准，也不存在大众的标准，更不存在国际统一量化标准，更不需要去考究谁才是“正常”的。两个人的世界里，只要你的需求大于对方实际能给的，你就会体验到冷暴力。你需要的越多，对方体验到被索取的压力就越大，他就需要花更多的精力来隔离、抵御被你索取带来的压力，能给出的就更少，你体验到的冷就更大，需求也就更大，就更想去索取。这就是冷暴力的循环。冷暴力中，折磨一个人只是为了强行唤起他的关注，可这并不是长久的方法。直到有一天，有个人先绝望，然后就放手。两个人都还没放手，就还是有爱放不下。

感情中，一个人为什么会对另外一个人产生索取的欲望呢？当你把一个人放在很重要的位置上的时候，就会同时也把所有的情感需求都压在他身上。也就是说，你越是在乎一个人，就付出越多，同时也需求越多。付出和需求，是绑在一起的。你以为你是很爱他，什么都愿意为他做，什么都先为他考虑，但你也会要求他给你同样的重视。而他可能没有办法同样重视你，你就体验到了落差和被抛弃感，继而愤怒。为了得到，就产生了索取欲。

有的人觉得：感情不就是要把彼此放在第一位吗？

妈妈不就是要把孩子放在最重要的位置吗？难道不重视对方，才是正常的吗？不是这么极端的。正常人是怎样的呢？有时候把工作放在第一位，于是会为了工作，耽误了恋人的事；有时候会把社交放第一位，这时为了跟朋友出去混，就晾置了恋人的需求；有时候把游戏、孩子、购物、读书、睡觉等事情放在了第一位，就顾不得恋人了。把恋人、孩子放在第一位是很重要的，但过于重视的时候，就有问题了。工作、购物、娱乐、游戏、睡觉、独处、读书，这些都是你的自我组成部分，都非常重要。你不能或不敢为了自己的这些事牺牲他人的利益，你就把他人放到比自我重要的位置。当你以一种牺牲的姿态去爱，你就丧失了自我，同时，你也就不允许他人在乎这些东西超过在乎你。总是为另外一个人牺牲，不是伟大，而是可怕。自我牺牲里没有滋养，有的是期待、压力和负担，若我没有符合你的期望，我从你那里拿来的便不再是营养而是毒药。

如果被冷暴力了，怎么办？如果你在被冷暴力，你通过控制、指责、要求、理所当然等手段折磨对方，是没有效果的，这只会让他更感到窒息，更想离开你。更好的方式就是把你的重心、爱、在乎都收回来一些，转移到你其他的自我领域，投身于美容、学习、交友、工作、育儿、旅游、购物、读书等自己的事情里。

当你有了自我，你的魅力就会增加。同时他体验到了距离，关系到了他舒适的距离之外，他就反过来找你了。别在乎一个人到失去了自我，你只需要活出自己的丰富性。如果你觉得烦，从而进行冷暴力，你逃避、沉默、反抗、隔离，会让对方更加折磨你。也不要企图强迫自己回应他，满足他，你会成为药渣。你可以做的，就是帮助他发展出自己的生活，鼓励他走出去。

亲密
激情
承诺
是爱情的
三大要素

/ 第五章 /

高情商是怎样炼成的

情绪的觉察力：对他人、自己的情绪有敏锐、准确的觉察和分辨能力。

情绪的理解力：了解情绪背后的正面意义与价值，做情绪的主人。

情绪的运用力：假如这份情绪与我的目标契合，我如何运用。

情绪的摆脱力：假如这份情绪与我的目标不契合，我如何摆脱。

培养高情商须提升四个能力

重庆万州公交车坠桥车祸，乘客刘某因错过公交站，与司机争吵，造成重大交通事故，致全车人全部遇难。哪些因素导致了这起事故的发生呢？一是乘客刘某规则意识淡薄，一切以自我需求为中心，得不到满足就争吵的“巨婴”性格。二是司机缺乏应急处事能力与安全责任意识。三是其他乘客在刘某与司机争吵的整整五分钟里，都没觉察到危险信号，而是怕引火上身选择了观望。最后，全车人都搭进了自己的生命。

可以说，这起全车 15 人全部遇难的惨祸完全是人为因素所致。而觉察力的缺失则是导致这起事故发生的本质原因。

事发之前，无论争吵当事人还是乘客，只要觉察力强一点，就能及时察觉到，驾驶途中司机不专注并与乘客争吵，安全风险是极大的，随时可能出车祸。正是因为大家对这种安全风险的觉察力极弱，所以司机和刘某才会继续争吵，而其他乘客也才会是继续观望的态度。如果大家觉察力高，能觉察到每个人都可能会因为司机不专注开车而导致自己生命有危险，就一定会及时劝阻，并告知司机及时停车报警。觉察力弱，风险意识就弱，忽视了司机是需要高度专注的职业，大家都严重低估了司机与乘客争吵的风险——司机不专注，发生交通事故的概率会瞬间提升。

可以说，情绪的觉察力是培养高情商须提升的首要能力。而高情商必须提升的四个能力如下：

情绪的觉察力：对他人、自己的情绪有敏锐、准确的觉察和分辨能力。

情绪的理解力：了解情绪背后的正面意义与价值，做情绪的主人。

情绪的运用力：假如这份情绪与我的目标契合，我如何运用。

情绪的摆脱力：假如这份情绪与我的目标不契合，我如何摆脱。

· 第一节 ·

情绪觉察力：我们的第三只眼睛

在生活中，有一些人愤怒地大声说：“我哪有生气，明明是他做错了，我哪有生气，我有生气吗？”这种情况我们称为对自己的情绪缺乏觉察力，没有觉察到自己当下的情绪。

心理成长得好的人会随着环境的变化而改变他们和环境接触的方式。

在家庭教育中缺乏觉察力的表现：家长只听到自己想听的，只看到自己想看的。也就是说，家长是在局部地了解孩子，没有真正地去觉察。

有一个妈妈特别喜欢讲道理，特别喜欢分析孩子，分析得头头是道。她特别善于“下指导棋”，指导女儿这样那样。她女儿会怎么样呢？非常烦躁！妈妈一讲讲那么多，喋喋不休，女儿就会干吗呢？捂住耳朵。女儿总想远离妈妈，妈妈一说，她就很烦。

这位妈妈对自己的状态缺乏觉察，总在那个指导者、分析者的位置上，一味地讲道理。她还非常喜欢学习心理学理论。但是读者朋友你恐怕已经看出来了，她做这些事有很强的控制感，希望女儿听自己的这些道理、分析，一说起来就停不住，喋喋不休。一个人说太多的时候，往往是处在一个比较焦虑的状态，但是对自己的焦虑、对自己的控制也缺乏觉察。所以这位妈妈很困惑：我这么爱学习，这么费力地跟孩子讲道理，我这么想帮她，这孩子不领情，效果也很不好。

这位妈妈感觉亲子关系不好，看到孩子对自己抵触，再加上孩子慢慢长大，读初中了，越来越抵触、逆反，妈妈就觉得，哎呀，孩子很顽固啊，费了她一片苦心，还觉得孩子不懂道理，然后她决定要更多地去分析孩子，去讲道理，这样才能够让孩子接受。要是孩子不接受的话，后果很严重，她就更焦虑。她这样的反应，都是对自身过于理性、过多分析，对焦虑缺乏觉察，也缺乏调整。

简单说就是，当我们没有觉察的时候，我们就陷入一种状态里面：一条路走到黑，同时也就不知道调整或者是调整的方向。

从这个例子可以看出，和孩子交流时，家长往往是站在自己的位置上，不换位思考，就会形成一个相对封闭、相对固定的视角，结果，陷入其中不可自拔。

在我的课堂上曾有一对父母，他们都是学体育出身的，性格比较急，风风火火的。他们觉得一定要为孩子做些什么才好，所以孩子才一年级就为他报了五个兴趣、培优课外班。

妈妈是很能干的，孩子做作业时，她就坐在旁边教。孩子才一年级，年龄还小，做作业有时候玩儿，走神，她就烦，火噌地就起来了，如果教了几遍孩子还不懂，一个字读错了或写错了，她就开始冲孩子咆哮，甚至会动手打孩子。一动手，孩子哇哇一哭，然后前面那种注意力不集中啊，或者写不好东西啊，就改了，真写好了，真注意力集中了。所以妈妈就认为打孩子是有效的，说太多了又累又没用，干脆以后直接动手，打一打就老实了。所以这个孩子，上一年级才一个学期，妈妈就忍不住经常动手了。

孩子的爸爸觉得打孩子真的不太好，也没有必要，就换他管孩子。结果爸爸跟妈妈是一样的模式，看到孩子拖拉、走神，烦起来动手更快。所以他们夫妻俩一交流，说：“算了，看来还是动手来解决吧。”

这个过程发生了N遍，他们可能对自己与孩子互动这个过程还缺乏觉察，对他们动手背后的情绪缺乏觉察。动手打孩子，这后面往往是很强的无力感。孩子只要突破一个边界，他们就会发怒。这个边界，简单说，就是一个规矩或者一种要求：没有按要求写好，或没有从头到尾都很专注。

一年级的孩子，只要破坏点规矩，突破一点界限，他们就受不了，他们缺乏这个觉察：把规则要求是否看得太重，他们是不是内心有一个特别僵硬的、强势地要求执行规矩的那个自己，那个自我状态呢？当他们对内在的这个状态缺乏觉察，那么在某个点上面，比如孩子拖拉、走神、写字写不好等，就会像触发开关一样，触发他们的怒气，甚至动手打孩子。这个会给孩子造成身体上的创伤性影响、内心的恐惧以及对父母的敌意，这个代价是非常非常高的。

心理成长得好的人

会随着环境的变化

而改变我们和环境

接触的方式

有的孩子上初中后会有很大的变化：从原来完全听父母的变成喜欢听同伴的，特别有自我意识，特别爱臭美，特别注意保护自己的边界……这个时候父母和孩子就应该更多地做朋友。父母不要有那么多的指导，需要更多地去了解孩子的感受，就算这些感受和看法是幼稚的，不合理的，也要去学会了解。

初一、初二的孩子和父母的关系、沟通的问题往往是由于父母不会变轨。这个时候因为孩子长大了，他身体硬件已经发育成小男人和小女人了，孩子心理已经有很大的变化了，所以父母需要调整。有的家长很失落：以前孩子都听我的，现在变成了刺儿头了，我说什么他都烦。家长特别不满、生气，就会采取高压手段，结果亲子关系就越来越糟。所以我们觉察也是为了更好地去调整。

有两种动物，一种叫竹节虫，一种叫落叶蝶。竹节虫身体长得像竹子，绿色的，一节一节，所以在竹林里面看不出来了；落叶蝶呢，就像落叶一样的，在地上基本上也看不出来了。就是它们和自然高度合一，这种合一，在关系里面就会保持一种和谐。萨提亚女士在家庭沟通中说："你要和孩子进行一致性沟通，要觉察孩子状态、愿望、内心的渴望，然后和他进行一致性的沟通。"

觉察力，我们形象地称这种能力是"用第三只眼看世界"。"第三只眼"，是要穿越当下的情绪情感，站在一个更高、更全面的视角，去看"此时此刻客观发生了什么"。我们可以想象这样的画面："第三只眼"就如同一盏更高智慧的探照灯，它悬于我们的头顶之上，或者脱离我们之外，以"旁观者"的身份，发觉真相。

我们在生活中都有过这样的体验，当我们刚刚经历失败，极度不自信的时候，感觉周围所有人看我们的眼神都充满鄙夷和嘲笑，但是等我们恢复自信再回过头来想想这些人、这些眼神的时候，又感觉并不都是恶意，甚至其中还有关心、欣赏的成分。"回过头来想"的这一部分，就是属于觉察的部分。

每个人都有两个世界，一个是外在的世界，皮肤以外的；一个是内在的世界，皮肤之内的，也是情感的、情绪的世界。所以觉察力也分两种：外部觉察和内部觉察。

外部觉察不好的人，与孩子沟通时，明明孩子在那里低着头，皱着眉，手紧紧地握着拳在发抖，已经很愤怒了，他还在那里喋喋不休。这样非常危险，容易亲手把亲子关系推向危险的边缘。

内部觉察就是我们内心的情绪起伏，我们想要得到一样东西，一定是它激起了我们想要占有它的欲望，想要也不一定非得得到，最终你能够掌控它，是因为你有持续的占有欲推动着你一步一步地向它靠近，一点一点对它进行深入的了解。

学会了内部觉察咱们再看外部觉察。任何事物存在都有自己的运行规律，既然是规律，它必定会反复出现，持续而且稳定。只要能够觉察到它的存在，顺着规律就可能掌握全貌。一切我们想要的事物规律都摆在我们眼前，可是我们却看不到，这跟视力无关，因为我们只能看清楚我们大脑认知范围内的东西，认知来自于形状、气味、声音、味道、触觉……这些需要经过我们的信息收集系统把各种信息汇总到大脑之后才能形成一个立体的印象。

你现在在什么地方，你看到什么，听到什么，感受到什么，甚至更细，你的嗅觉是什么，你的身体触感是什么，你有什么味觉，尤其还发现一种很特别的什么……这个在觉察力叫外部觉察，学会去觉察“我周围的环境发生了什么”。

内部觉察，就是去觉察“和他人在一起时，我内部的感觉”。比如说，对方说什么话，让我的胸口很闷，或者是喉咙发紧，或者有时候心里面很慌，这是身体感觉。除了身体感觉，我们还需要觉察的内部是什么？我的情绪。我这个时候是不是觉得特别悲伤，特别焦虑，或者特别愤怒。尤其是我们前面说到的，就是觉察自己身体的感觉，如果觉察到了，这个时候只要略做身体的调整。比如说我前面说的生气得要打孩子的情况，如果胸腔里面很闷啊，牙齿咬得紧紧的，那么舒展一下身体，来一个深呼吸，放松牙关，等等，都可能会降低那种很生气的水平。接下来我们就能采取一些更恰当的行为。

我们往往比较容易忽略这一点，实际上很简单，只需要建立一个意识，就是去觉察，我当下的身体，我当下呼吸的感觉，我的胃的感觉……有个学员曾告诉我，有时候老公说很过分的话，她就胃痛，我告诉她可以把自己身体的感觉告诉对方。与孩子沟通时也一样，比如有时候孩子任性，无端地指责妈妈时，如果妈妈很难过，也许胸口会闷等，也要把感受告诉孩子。这个是很好的沟通，也是很真实的沟通。所以我们内在的观察是非常重要的。

当我们了解这些事，就能更好地去整体把握我们和孩子交流的状态，而不只是停留在语言和头脑中的一些观念、道理的交流。

进行外部觉察和内部觉察的时候，需要我们有一种稳定的，相对舒适、放松、安静的状态。如果处于焦虑之中，情绪波动很大，压力很强，我们就无法更静一点去觉察自己。所以，我们平时就要注意怎样去培养自己的静气。

我们需要去觉察和了解的是，这个静气培养往往跟我们内心的状态有关。如果总是处于一个紧绷的不放松的状态，或者总是觉得周围的人让我不放心，总是有很多的担忧，老想着负面的东西，就无法静心觉察。古人说“静能生慧”，就是对这个理论最好的诠释。

提升觉察力还需要了解自己，了解我对外在的恐惧，甚至还有我过往所受的创伤，比如小时候没有得到父母很好的照顾，有比较严重的分离，早期的分离会让我们老觉得自己手上要抓到更多的东西。或者有时候孩子考试成绩掉得很厉害，倒退 50 多名，这个时候我特别心慌，特别恐惧，特别需要一些确定的东西。所以这时家长就会马上急着去报培优班，找家教，找老师，急于行动。然后跟孩子有很多充满压迫感的对话，这样孩子压力更大，孩子的情绪没得到舒缓，家长这种恐慌的情绪也会传递给孩子，效果也不好。这时需要的是大家都先安定下来，孩子这时候内心也慌张，也怀疑自己，也气馁。所以我们要觉察的是，这个时候如何去增加自己内在的安全感和由此带来的稳定，去看一看自己到底害怕什么，为什么会像溺水的人一样要拼命抱着一块木头。

我们经常说，爱孩子最好的方式是爱自己的配偶，所以我们作为家长要稳定下来，安定下来，不要孤军奋战，有时候需要配偶的配合和支持，支持不够理想，要想着怎么去沟通改善。这种支持系统的建立，有利于我们培养一个稳定，不那么防御，然后更沉静的心态。在这种前提下，我们才能更好地去觉察，同时也发现自己有力量的部分，相信自己的能力。比如我有时候就会问学员："在你的一生中，有没有哪个人的哪句话对你的影响特别大，甚至把它奉为座右铭？可能是家长说的，可能是你的小学老师，或者中学、大学老师说的。”很多学员就会分享。这是在问什么？这是问他的一种信念，一旦深深认可这句话，被这句话催眠，这句话就会成为他奉行的行为准则。在这里我不会评价这个行为准则的对错，而是要让学员觉察到，他的这个行为准则是如何影响着他的生活，如何成为他生活的支撑，那么他就会保持弹性。所以，我们内心信念是什么样的，我们奉行什么样的价值观，这个对我们跟孩子交流时经常出于什么态度、处于什么状态有很深的影响。所以，你特别奉行怎么样的人生观点，特别讲什么样的规矩？你特别希望自己成为什么样的人，希望孩子成为什么样的人？我们对这个要保持觉察。当我们保持觉察的时候，我们在和孩子交流的过程中，就会跳脱出来，觉察到“我是太遵守那句话啦”“我太想那样做了”。用一句通俗的话说就是，对自己下手不会那么重，就能抽离开来。抽离开来时，我们才能保持觉察。

抽离出来看看自己的观点，不去质疑它，抽离一下，松动一下，这样就能更好地觉察，更能和他人处在一个很好的交流的位置上。

· 第二节 ·

情绪理解力：读懂情绪的信号

我们一谈到情绪，可能最不喜欢的是所谓的“负面情绪”，为什么要加上“所谓的”呢？前面提到过：情绪没有正负，也没有好坏，只有有效和无效。情绪是一种能量的流动，它只分等级，只分频率的高低，不能凭空消失，只能转换。

那不喜欢、不想要的“负面情绪”，比如愤怒、痛苦、悲伤、焦虑、压抑、嫉妒呢？其实，人生中几乎每一个“负面情绪”的背后都有其正面的价值和意义——不是给我们一些力量就是指引我们找寻更好的方向。可以说，“负面情绪”也是宝藏！

情绪是信号灯，是指示器，是送信的使者。每一封信都来自我们的内心，越大的情绪，包含着越大、越重要的信息。

我们来具体分析一下一些常见的“负面情绪”。

No.1 愤怒：包含着自尊自重的力量

说到愤怒，很多人会觉得令人害怕和抗拒。实际上愤怒只是一种情绪而已，和其他所有的情绪一样。会让我们害怕的，是表达愤怒的这个人所附带的其他破坏性的行为和能量。

比如，有人在表达“我很生气”，这是愤怒；有人在摔东西、打人，这也是愤怒。承载愤怒的个体是否学会了合理地表达愤怒体现在不同的表达方式。但愤怒本身只是种情绪，它并不一定要暴力或者极端表达。愤怒里包含着力量和自尊自重。当你不断地退缩和被侵犯界限，你很难不愤怒。愤怒是我们改变的动力：很多你平时无力干、懒得干、不敢干的事情，当你愤怒的时候，你就可以做了，而且很可能效率更高。

人类很多的作为和成就，都是一怒之下、盛怒之下做出来的。但由于我们几乎没有学会如何正确地表达情绪，总是在压抑、压抑再压抑之后，情绪无法控制了才被迫爆发，所以愤怒就成了暴力与发泄的代名词。但真正需要去解决的，并不是愤怒本身，而是不再压抑愤怒。

我们的身体就像一个容器，当情绪压抑积攒到一定地步，就会像火山爆发一样失控。学习在每一次情绪升起的时候合理地表达真实的自己，合理地表达愤怒，而不是去压抑愤怒。压抑愤怒会造成无法控制的后果和令人害怕的状况。愤怒中蕴含的是力量，你怎么用这个力量是你的选择，力量它本身没有好坏，没有对错。就像是一把刀一样，这把刀在谁的手上怎样用才重要。在厨师的手上它就是一把菜刀，在歹徒的手上它就是伤人的凶器，在医生的手上它就是救人的手术刀。实际上悲剧和灾祸不是因为愤怒而生，而是因为对愤怒中的力量的偏差使用而生。有的人用这个力量去生气、去破坏、去攻击，有的人用这个力量去争取、去发展、去保护。怎么用是你的选择，但这个力量是宝贵的资源。比如说，一个人被别人嘲笑了，说他没本事没出息，一辈子就是这样了，被嘲笑的这个人可能会很愤怒。他有一种可能性是去打对方，把力量拿来改变对方，但被嘲笑的这个结果并没得到解决；另一种可能性就是用愤怒的力量改变自己，改变自己的看法、想法、做法，你看不起我我就要做给你看，当我做到了，就可以改变这个被嘲笑的事实，这才是突破的方向。

“这太过分了！”“怎么可以这样？！”“这太不应该了！”我们内心一直在追求被公平与合理地对待。这就是自尊自重、希望更好的力量。内心力量不足的人，往往需要生活在愤怒里，以维持更大的力量去面对人生。很多人最大的错误是企图运用愤怒带来的力量去改变外在的人、事、物，而这样不会有效果，这样的人以为需要更大的力量，于是变得更愤怒，做不到就会感觉到更多的无力感，因为在坚持去做一件做不到的事。事实上，用愤怒的力量改变自己，才是突破的方向。

No.2 痛苦：指引我们去寻找一个摆脱的方向

心理学鼻祖弗洛伊德说："人要改变基于两点。要么逃离痛苦，要么追求快乐。"

如果一个人的手放在火上烤，正常的人会做出什么样的反应？会把手收回来。为什么要这样做？因为痛苦了。因为我的手被烧得痛了，所以我要离开，要寻求一个摆脱的方向。

可还有一种人是这样的：

"哎呀！我的手好烫啊，烫死我了。快告诉我怎么办。"

"把火盆拿走啊！""是的，但是我拿不走！"

"把火浇灭！""是的，但是我浇不灭！"

"把手挪开啊！""是的，但是我挪不开。"

痛苦的本质是拒绝，这种情绪是在指引我们寻找一个解决问题的方向。但是，痛苦却往往因拒绝而持续存在。

还有一种痛苦叫作，别人不改变，你很痛苦，你的痛苦不是你不改变，而是他不改变。

一个人在路上骑着自行车，在他前面不远处另外一人也骑着一辆自行车。那人的自行车上的挡泥板掉了，就会发出“咯咯咯咯”的声音。这声音让后面这个人很不舒服。

“你的自行车挡泥板掉了。”那个人说。

“你说什么？”然后又“咯咯咯咯”地响着往前走了。

那个人快骑几步，又告诉他：“你的自行车挡泥板掉了。”

对方说：“你说什么？”

再也忍不住了！他骑到对方前面：“你的自行车挡泥板掉了。”

那人笑着说：“你说什么？”

生活中有时候感受到的痛苦是因为他人的不改变。人家挡泥板掉了，发出声音可惬意了，全都是节奏。可见，在有痛苦的两人关系中，感到痛苦的人是该做出改变的人，因为谁改变谁快乐！

No.3　悲伤：教我们学会珍惜

孩子失去了他心爱的玩具会悲伤。当悲伤来临的时候，是在经历“我在失去，我在失去一样我认为重要的人、事、物”—— 有些东西失去了，爱的人不在了。悲伤的程度通常取决于失去的东西的重要性和价值的大小。

积极的悲伤是一种求救信号，建立了人与人之间深层的联结。悲伤让人们靠近，加深了彼此之间的理解和羁绊。患难见真情，我们更容易记住那些陪我们哭的人，忘却那些陪我们笑的人。因为悲伤状态造成的大脑变化使得一个人的记忆更加深刻，收集信息、细节的能力会变强。人们在悲伤时反而更具有力量，置之死地而后生，去完成一些挑战性更大的任务。

悲伤带来改变。悲伤意味着承受了失去和离开，能够让我们对自我的价值观重新排序，认识到什么才是生命中更重要的，反思的同时也使我们学会珍惜。

悲伤带来艺术的灵感。无论是文字还是音乐，任何一种艺术形式的悲伤都可以产生深沉的共鸣和心灵震撼，并以其深刻的艺术感染力，给人以激励和启示，引发人们深层次的审美感受。消极的悲伤容易导致情绪的消沉，可以从闷闷不乐到悲痛欲绝、自卑抑郁，甚至悲观厌世，有自杀企图或行为。

掉入悲伤就是掉入过去，就会无力面对现在与未来。要从失去里取得力量，这会使我们更能珍惜自己已经拥有的，包括记忆。所以，悲伤既指引方向，亦给予力量。

No.4　焦虑和紧张：提醒我们在乎什么

在 NLP 理论当中，有一个时间线，左边代表过去，右边代表未来，中间代表现在。我们所焦虑的在未来，是未来还没有发生的事情。没有发生的事情也在指引我们找寻方向，提升应对那些事情的能力！

焦虑还能够促使我们思考。焦虑会逼迫我们进行更多的自我感知，从而更好地应对生活。

比如说，期末考试要来了，对成绩的担心，会催生出我们的焦虑情绪。但是这种焦虑是有一定积极意义的，如果没有焦虑，可能我们就容易懈怠，无法积极地准备考试。正是因为有焦虑的督促，才使得我们变得警觉起来，更加自律，拿出更多的时间准备，从而在考试中取得好成绩。这就是焦虑的积极意义。

No.5　惭愧、内疚和遗憾：提醒着以为已经完结的事里尚未完结的部分

如果只是坚持惭愧、内疚和遗憾，会把力量放在过去，认为在那个当下我做了不该做的，或我没有做该做的。事实上，每个人在每个当下都做了他能做到的最好。

一个活在惭愧、内疚、遗憾里的人，是无法真正去爱另外一个人的，以为活在内疚里就舒服了。当一个人内疚，他就会为另外一个人做一些他认为对的事情。比方说，我们学习到以前打骂孩子、指责孩子是很不好的，可能就会有内疚情绪，但当带着内疚的心去面对孩子的时候，有可能会去讨好孩子、溺爱孩子，这又将导致新的问题。同时这些情绪是指引方向的，积极的运用是将它转化为力量，去推动自己把未完结的部分完成。比如，去学习如何有效地沟通，去学习如何管理好自己的情绪。又比如，做什么事是对方安心的，做什么事是自己安心的，就去做，用这样的方式做弥补和转化。

事实上

每个人

在每个当下

都做了

他最能做到的

最好

No.6　心虚：提醒做好在这个位置上该做的事

公司任命一个总经理，如果总经理什么也没干，每个月却拿工资，他就会有心虚，因为他占了不该占的。那么，在这个位置，要想心安理得，这份情绪会提醒他要做好在这个位置上该做的事情。

心虚这个能量提醒我们：把不该拿的还回去，把不该占的还回去，或者说我怎么样才能够心安理得。

中国人所讲的厚德才能载物，没有德行承载不住，所以心虚。占了不该占的位置也是一样的。

No.7　压抑：一份保护的能量，让你获得安全

在生活中，难免遇到让自己觉得难挨的情况，我们时常会忍一忍，虽然我们觉得当时会压抑，但至少当时你获得了安全：在你没有能力或者没有做好充分准备去应对那个冲突时，压抑保护了你。每一个压抑都避免了一次我们暂时不愿意去面对的冲突。至于我们现在还要不要压抑，取决于我们有没有准备好应对一个可能的冲突，或准备好表达真实的自己。

很多人都无法避免出现压抑的情绪。当我们还小的时候，我们依赖父母和他人，我们没有足够的能力独立，没有足够的能力保护自己，不压抑几乎是不可能的。压抑让我们退回到自己的空间内，让我们得以喘息和休憩。

然而压抑虽然保证了安全，但是确实委屈甚至扭曲

了我们真实的自己，甚至有些人会形成习惯性的压抑。如果一个人被锁在箱子里很久，他的腿是不能马上站立和走路的。如果我们有了压抑的习惯，我们在不需要压抑的时候依旧压抑，就会变得特别委屈和愤怒。

解除习惯性压抑的方法是：觉察和区分习惯性压抑和过去（童年）那些“不得不”的压抑。然后你需要明白：我现在已经成年了，我真的还需要这样吗？现在我的力量与能力，比过去的自己大几十倍。我已经有能力去改变，有能力真实地表达自己了。如果我们还愿意承受压抑，那也要接纳自己暂时就是这样的，不要自责和自我伤害。害怕、压抑的惯性是客观存在的，解除任何一个习惯都需要时间与力量，不能一蹴而就。

No.8　失望：重新看待或定位原来的评估

失望有对他人的，也有对自己的。对他人的失望往往来自控制他人的企图——让他人处于自己想象的轨道之内。一旦无法达成这样的企图，就会产生失望的情绪。

“我对你很失望”，这句话在父母跟孩子之间是把利刃。孩子考试成绩不理想，你知道孩子最害怕父母说什么？最害怕的就是看到父母先是不说话，摇摇头，然后叹口气说“我对你很失望”这句话。孩子的未来要为这句话买多少的单？连父母都对我失望了，那我的存在还有什么意义和价值吗？在未来的生活当中，他会不断地证明自己，证明自己给父母看。

失望从另外一个层面来讲，是想控制对方。当我控制不了你的时候，我就对我自己很失望。这是两个层面的，一个是对你失望，一个是对我失望。失望通常是对他人或事有着超越现实的寄托，所以这样的情绪也是在指引方向——重新看待或者定位原来的评估和期望。

No.9　孤独：自我反思的起点

孤独让人意识到自己的独特性，开始领悟自己的存在，开始有一种探问生命的需要，是自我反思的起点。而消极的做法是：偏执地认为“没有人能懂我”，从而拒绝社会来往，而这会导致人失去社会支持。

No.10　委屈：激励自我付出满足自己的需求

通常来讲这是一个小孩子的情绪。

谁有委屈的时候，事实上这是在提醒我们：我们把对方放在一个高位，自己放在一个低位。他是高的，我是低的。如果你经常觉得某个人（领导、老板、伴侣等）让你委屈，表示你可能把那个人当成了你的父母。

在这个世界上，只有小孩子会觉得什么都是他该得到的，而且不管要多少、什么时候要，父母都有责任满足他。委屈是在提醒你有个小孩子的情绪需要处理了，同时满足你的需要是你自己的责任，对方没有义务要给你什么。如果对方满足了你，那就多一份感恩；如果对方没有满足你，那你要用自己的方式，或在其他的地方，去拿到想要的东西。

思想成熟的人才知道感恩，因此，不懂感恩也是人没有充分成长的表现。所以通常我们说“成人无委屈”“小孩无感恩”。

No.11　嫉妒：告诉自己想要的是什么

嫉妒告诉你自己想要的是什么，以及多么想要。嫉妒来源于我们想要却暂时还没有的东西，或者自己觉得不屑但又没能获得的东西。简而言之，嫉妒就是我们没能看见、回避和逃避的内在需要。

嫉妒是像中转站一样的情绪，因为它有两个发展的方向：第一种是我低你高，我可以增高从而超越你，这样的嫉妒会变成“不服气”，可以产生动力使这个人发奋努力；另一种还是我低你高，但我不相信我可以增高或超越你，这样的嫉妒会变成憎恨。而这让我们难受的嫉妒，正是提醒我们看见需要的信号灯。马上转化嫉妒这种情绪能量的方式是，在心里由衷地“随喜”（真诚地替别人的优点和收获感到高兴）对方，让自己也在喜悦的状态、创造的状态。这样才是一个正向的超越。

No.12　憎恨：不容许对方比自己高，而同时本人也无法提升

有人可能会爱错人，但一定不会恨错人。在憎恨里尚未发现有什么正面价值和意义，憎恨有非常严重的负面效果，内心会产生愤怒，会把愤怒提供的力量用在企图毁灭对方的行为上，在企图毁灭对方的过程中，对方大多数不会被毁灭，反而是自己被毁灭了。

化解憎恨的最有效方法是让心中充满感恩的感觉，因为恨一个人，不一定会令对方变坏，但自己会变坏；爱一个人，不一定会令对方变好，但自己会变好。

爱和感恩是非常高频的能量，在高频能量里，低频能量会自动卸载。

No.13　恐惧：一个保命的能量

能量频率在 200 以下的情绪几乎都和恐惧情绪有关。

骄傲的背后是我恐惧别人看不到，愤怒的背后是一份害怕，害怕自己没有得到或会失去。悲伤、冷淡、内疚、羞愧，这些低频的情绪都与恐惧有关。恐惧是一个很大的情绪，当受到威胁或者不安全的时候会出现。

那恐惧到底有什么好处呢？它是一个保命的能量。

人为什么会恐惧？人最怕的是什么？可能是怕死，所以恐惧正面的意义就是保命的能量，让我们知道哪些事情应该做，哪些事情不应该做。一个人可不可以不要恐惧呢？不可以。一个没有任何恐惧的人，会是一个很可怕的人，他不懂事物规律，不懂敬畏天道，不懂臣服命运。那

些伤天害理的事，像卖毒奶粉、贩卖人口等，他都敢做，因为他不怕因果，不怕死，什么都不怕。如果没有恐惧，过马路都不会看车，不会看红绿灯。

孩子小时候会对父母说：“妈妈，我怕！爸爸，我怕。”父母可能会说：“怕什么怕，有什么好怕的？不怕不怕。”

其实恐惧能量是会保护孩子的。现在如果有孩子跟我们说“我怕”，我们可以对孩子说：“我真为你高兴，你懂得保护自己了，我和你在一起。”马上把那份恐惧的能量转化，让他看到他是如何在自我保护的同时又被信任的人保护。

因为恐惧，我们很多事不敢干，有很多地方不敢去。这都是因为需要自我保护。恐惧是维持动物生存下去的第一重要工具，它是一份保命的能量。人活着不能也不应完全没有恐惧，勇气并不是没有恐惧，而是虽然有恐惧，还能继续走下去。

但过度的恐惧会使人在面临恐惧情景时，知觉、记忆和思维过程发生障碍，失去对当前情景分析、判断的能力，并发生行为失调，或走不出过去失败经历的阴影，对所恐惧的事物产生逃避心理。一些较大较深的恐惧，需要通过家庭系统排列个案的方式，让我们看到有的恐惧可能都不是我们这一代的，是上一代、上上一代经历过很多（战争、政治运动、自然灾害等）后产生的。这些不是我们简单知道就能克服的恐惧，如有必要可以通过心理辅导做深入的处理。

对于以上提到的这些“负面情绪”，人们采取的应对方法一般有三种：忍耐、爆发和逃避。忍耐，就是隐藏在心里，不表现出来。这样处理，会造成心情的长期不稳定，会给自己带来诸多的心理问题，甚至还会引发健康问题。爆发，就是发泄。发泄的方式有大发脾气、打砸物品、暴饮暴食或疯狂购物等。这样的方式往往会多次发作，给自己的工作、生活带来很多的后遗症。逃避，就是视而不见，听而不闻。如有的人让自己处于忙碌状态，试图不去想有关的事情，或是麻痹自己。这样的处理，在短时间内会有点效果，但是，当夜深人静之时，常常让人难以入睡，给自己的身体和生活带来痛苦。

在传统的意义上，我们感觉情绪不是个好东西，所以说不要有情绪，不要感受，甚至有人觉得情绪是很恐怖的，会伤害人！很多人会想，要是心如止水，没有情绪该多好呀！可是如果我们什么情绪都没有了，你觉得会发生什么事情呢？被人无礼对待、被人打也不会生气；看到汽车撞过来，也不害怕；心爱的物品丢了，也不心痛……什么情绪都没有的话，我们就变成了“植物人”，是会动的“植物人”。所以，一个正常的人、一个鲜活的生命就是什么样的情绪我都有，所有的情绪事实上跟一个人的五官、四肢、五脏六腑一样，各种情绪什么时候用、怎么用，我可以决定，因为这是我的选择。

诗人鲁米在《客栈》一诗中这样写道：

人的一生好比客栈，
每个早晨都有新的来客。
喜乐，沮丧，卑劣，
某个瞬间的觉知，
像是意外的访客翩然到来。
欢迎并热情招待它们每一个！
因为它可能带来某些崭新的欢悦洗净你的心灵。
无论是灰暗念头，
羞愧或恶念，

都要在门口笑脸相迎，
欢迎它们进入你的内心。
不管来者是谁都要心存感激，
因为每位访客，
都是上天赐给我们的向导。

正如诗人形容的那样，正面情绪、负面情绪，都是我们的客人，都是上天赐给我们的向导，正确地对待自己的每一种情绪，让生命更加丰美！

· 第三节 ·

情绪运用力：如何处理情绪

No.1　我们需要处理情绪

处理情绪，就要用到情绪的运用力——根据自己在每一个当下的目标，觉察自己的情绪状态如何，并根据自己的目标需要，充分运用自己恰当的情绪。比如：运用愤怒的力量保护自己的生命安全，与威胁自己生命的人对抗和搏斗；运用痛苦的力量促使自己做出改变；运用委屈的提醒让自己成长；自己要开始一个激情的演讲，但自己目前状态较低迷，那就快速让自己做几个大力的吸气，快速地调动全身，让自己处于兴奋状态，让自己在台上有昂扬的状态，可以起到更好的效果。

总之，让每个情绪为自己当下的情境所用，不是成为情绪的奴隶，而是成为情绪的主人，在人生的每次经验学到东西，更有效地创造一个成功、快乐的人生。

情绪的本质就是流动的能量，是动物和人维持生存时的能量反应。动物遇到威胁感到恐惧时，第一反应是攻击；攻击无效时，第二反应会是逃避；经历攻击和逃避之后的第三反应是僵住、假死以逃过攻击；攻击结束后，动物会自发进入第四个阶段，抖动身体，完成刚刚经历的创伤释放，让能量复原。

抖动，是动物在惊恐之后的共同反应，人类也一样，只是我们的大脑可以压抑这种自然反应。抖动能消除惊恐的能量，抖掉身体内的僵硬惊恐，当阻塞的能量被疏解，身心都会舒适自在，充满欢喜，人的爱心也会增长。这是因为抖动还能让人体释放一种"欣快物质"——内啡肽，使人心情愉快，情绪高涨，对健康大有好处。

我们压抑到潜意识里的情绪没有释放掉，就会累积在身体里，引起紧绷、酸痛以及其他瘀阻的现象，长时间下来会引发内伤、疾病。

其实我们的身体是有智慧的，它能够自动地排除"负面情绪"累积在中央神经系统里失调的能量，我们之所以没意识到这一点，是因为我们从古代社会到现在，渐渐地远离聆听大地之母与我们身体的智慧，越来越偏向用我们的头脑与逻辑生活，在乎我们外在的形象而非内在的直觉。

当我们不抗拒、不压抑任何"负面情绪"，而去聆听我们身体如何带领我们释放这些情绪，我们就能够自然地把它们排掉。如果我们愿意进入我们的身体去感受过去某个经验或创伤带给我们的感觉，观察我们身体里起伏振荡的能量，跟着这个颠簸的能量活动我们的身体，发出体内的声音，身体就会自动让这股能量释放到底，最后，我们的中央神经系统就可以回到一个协调平衡的状态。

所有的生物都拥有能够平衡体内能量的智慧。

有一段关于动物通过打滚、抖动释放情绪能量的影片，影片中有一只白色的北极熊在雪地中慢慢走路，然后北极熊头向后转，看到了敌人，它开始加快速度往前奔跑。这是因为北极熊碰到威胁，必须要逃跑才能生存。我们看见它奔跑了一阵子，有时它会回头看还有没有被追，最后北极熊开始慢下来。可能威胁它的敌人消失了，它停在一个四肢着地的姿势，开始疯狂甩动身体，我们看得出它的动作是非自愿的，没有任何的控制，也就是中央神经系统受到威胁后的反应，当它脱离了危险到了安全的地方就会发抖，恐惧透过身体抖动释放出来。

北极熊看起来像一个受到惊吓很害怕的人，无法自主地不断抖动，直到它的身体自动停了下来，然后又恢复到一开始的缓慢步伐。这是因为北极熊的身体自然排光了储存在中央神经系统里起伏颠簸的能量，回到了身体系统平衡的状态。其实我们人类能够像北极熊一样允许我们的身体释放恐惧或焦虑的能量，可是人类长大之后就不愿意破坏自己的形象，不愿让我们的身体与声音自然地发泄。我们害怕会被视为野兽、怪物或不正常的人。我们宁愿把负面的情绪、激动的能量藏在内心，用一个斯文、有礼貌、文明的外表把它包装起来。我们宁愿让自己的身体、心情极度不舒服，说服自己与他人“我没事”，都不愿意让自己像北极熊一样自然放松。现在可以选择让体内的能量带动我们，平衡我们，让身体的智慧自动疗愈我们。

长久压抑我们的“负面情绪”，除了会造成疾病之外，也会影响我们内心的状态、个性与生活模式。没被释放的情绪容易把我们困在黑暗里，造成易怒、暴力、逃避、退缩、忧郁、麻木，或者像游魂一样，身体在动，心却没感觉地在生活，好像灵魂已经抽离了。

通常卡在这些状态的人，底下的情绪是焦虑、愤怒、恐惧与悲哀的。可是因为这些情绪太痛苦了，没有人教我们如何面对它、释放它，所以我们自然会将体内拥有的这些负面感觉隔离起来，这会给我们的身、心、灵带来太多不必要的负担。

现在可以选择
让体内的能量
带动我们
平衡我们
让身体的智慧
自动
疗愈我们

No.2 释放情绪、调节身心、提升能量

找一个让你觉得有安全感、能够独处、不会被打扰的地方，你可以选择播放一些让你能够进入你内在的音乐，不用考虑太多，按照你的直觉选择在此时当下你想听的音乐，没有音乐也可以。

站着，把眼睛闭起来，双手放在腹部，吐气的时候让腹部扁下去，吸气的时候让腹部膨出，运用腹部呼吸。记得呼吸得越深，越容易把潜意识的感觉带上来。

继续呼吸，同时观照你的专注力比较容易被身体哪个不舒服的地方吸引，如纠紧的胃部、闷闷的胸口、绷紧的腿、沉重的头、疼痛的肩膀。

加强你的呼吸到这个不舒服的地方，用更深的吸气去触碰它、感觉它，眼睛保持闭着，开始让身体调动那个地方的感觉，发出它的声音，刚开始可以做得夸张一点，让内在的感觉加倍透过声音与操作表达出来。记得要放下你的自尊与任何自我批判。头脑只是见证者，让身体的直觉带动你。你可以跳、叫、骂、哭、抖、甩、

摧、踢，动一下或声音一直改变都可以。

非理性地让自己毫无保留地动到底，不管你在做什么，都要保持深呼吸与对身体的觉察力。动到你发现里面有舒服、轻松、平静的感觉，好像能量变得顺畅，身体很打开、放松。

当你感觉这些正面的能量时，坐在一个舒服的位置，脊椎保持直立，肩稍微往后，让胸膛保持敞开。眼睛闭着，继续深呼吸，从腹部开始膨胀，以轻松又敏锐的心，观照体内这些舒服的感觉：这些舒服的感觉在哪儿？造成什么样的心情？

熟悉、享受、感恩你的身体，与内在所有的能量、资源。

双脚与肩宽平行站立，眼睛平视远方，双手垂直，食指向手臂伸展（向后翘），自然呼吸，刚开始也许只有麻热的反应，可以自己带动手臂，上下动，之后，气疏通之后，会自己抖动，自己抖也有功效，由手臂带动全身动，一旦动起来之后，让身体自然反应，突破大的阻塞时会有大幅度的抖，然后就是细微的抖动，可以一次十五到三十分钟，刚开始五到十分钟就够了，如果能持续三个月每天做，效果较明显。

No.3　怎样处理他人的情绪？

有一次在公交车站等车，听见一位妈妈在不停地数落旁边的孩子："叫你早点出来，你就不听，看，要迟到了吧？""这是去学习，就是不当一回事儿，是学习呀，非要在家磨蹭……""你早起来一会儿也不会这样了，看这都过了三辆车了……""真是的，你说你这孩子，就是不让人省心……"整个过程中，孩子没有说一句话。我扭头看了一眼，那个十几岁的孩子原本焦灼的脸上已经有很大的不耐烦了，刚好公交车过来，他是第一个逃也似的冲上车的，透过玻璃，我看见他似乎在里面长长地吁了口气。

是这位妈妈不爱孩子吗？她的动机无非是想让孩子能好好学习。可是这样的方法对孩子，尤其是青春期的孩子，有用吗？

如果换种方式与孩子沟通，就会好很多：

“看你等车等得挺着急的？”

孩子会怎么回答呢？

“可不是嘛，过了三辆车了都上不了，好着急。”

“就是啊，没想到人这么多，三辆车了都还上不去，别说你着急，我也有点着急了。”

“是啊，要迟到了，我可不想迟到，老师会批评的。”

“看来你是很想及时到校按时上课的，也想做个老师喜欢的好学生！”

“那当然了，谁不想啊？上课迟到肯定不行的。”

“那下次我们怎么做呢？”

“看来我得早点起来，也不能太磨蹭了，得留点等车的时间，周一人还挺多的呢。”

是不是有不同的效果呢？由于大人问话引导的方向不一样了，孩子的情绪能得到理解，孩子就能承担自己的责任，同时从中有所反思，自己也能知道怎么做了。

这样是不是比说教、埋怨效果要好一些呢？

可见，如何处理他人情绪，是有技巧的。

处理他人情绪通常会有四种没有效果的类型：

1. 交换型。给予一些对方在乎的价值去驱使对方的情绪暂时消失。如给小孩子糖果要他停止哭泣，带对方去唱歌、喝酒以驱走情绪。这些都是暂时性的，因为没有对引起情绪的事情做任何处理，只要那些价值消失，同样的情绪会再次出现。

2. 惩罚型。把情绪看作是恶毒的东西，是不应该出现的，对方应因此而受罚。像威吓孩子说再哭就会打他。若对方是成年人，惩罚包括拒绝沟通、不闻不问、冷言冷语、斥责等。这样孤立了对方，并不能舒缓他的情绪，而只会使他产生更多的情绪。

3. 冷漠型。认为成年人应该有能力使自己不会产生这样的情绪，或者不应把情绪显露出来，同时又认为情绪是每个人自己的事，应该自己处理。所以，这种类型的行为模式是完全漠视对方的情绪，对对方的情绪视而不见，或者示意对方应自己处理好情绪。

4. 说教型。顾名思义，这种类型是说大量的道理，而不顾对方的感受，这很容易使对方陷入更大的情绪困扰中。

比如，7 岁的孩子与 3 岁的孩子发生冲突，妹妹跑到哥哥那要拿走哥哥喜欢的玩具，两人争起来，结果玩具摔碎了，哥哥哭了。

有些大人的处理方法很简单：“给你颗糖吃，快别哭了。”（交换型）等糖吃完，孩子回想起心爱的玩具来，麻烦还得继续。

而有的大人的处理方法很粗暴：“男孩子怎么这么爱哭！再哭就揍你。”（惩罚型）这样的方式不仅不能帮助孩子排解情绪，反而在他心中累积了更多情绪。

也有些家长心比较大，不管不顾：“哭吧，去房间一个人哭吧，哭完再出来。”（冷漠型）让孩子很无助。

还有的家长特别会做思想工作：“你是哥哥，她是你妹妹，你本来就要让着她的呀，你怎么做哥哥的？你要是给她了不就不会摔碎了嘛，有玩具就要一起分享的呀，你还哭什么？有什么好哭的！”（说教型）孩子很迷茫，陷入了更大的情绪困扰中。

那怎样才能有效地处理他人的情绪呢，也有四个步骤：接受、分享、肯定和策划。

1. 接受。接受是注意到对方有情绪，接受有这份情绪的他并如实告诉他。例如：“你看来有点情绪，愿意与我谈谈吗？”或者：“我看到你有些愤怒，什么事让你生气呀？”接受的态度绝对不是评判（“你怎么可以又发怒啊！”），不是否定（“你不该在这里发怒的！”），不是表示不耐烦（“唉，你又发脾气啦！”），不是忽视（好像完全没有事般闲谈）。接受就是“你这个样子我是接受的，我愿意跟你沟通”的意思。

2. 分享。永远先分享情绪感受，后分享事情的内容。就算对方反复或坚持先说事情内容，你也需要巧妙地把话题先带到情绪感受的分享。情绪感受未曾处理，谈事情细节不会有效果，往往只会使对方的情绪更大。

3. 肯定。对不当的行为设立规范，就是说，勾画出一个明确的框架，里面是可以理解或接受的部分，并就这些可以接受的部分给对方以肯定。框架外面则是不能接受或者没有效果的东西，应当明确指出并质疑。给予肯定之后，会更容易引导他人注意到和愿意针对不能接受或者没有效果的东西而有所改变。

4. 策划。有负面情绪的人现在会想：“我有这样的情绪原来不是错误，但是应该怎样去处理问题呢？”要帮助他解决问题就要询问他想得到些什么，然后与他一起讨论解决问题的方法，引导他去发展自己的想法，帮助他做出最好的选择，鼓励他自己解决问题。你可以引导他：“凡事都有至少三个解决办法嘛，让我们一起想想，如果重新来过，怎样做可能会更有效果。”或者“下次出现同样的情况，怎样才能使效果更理想？”或者“为了避免同样的不如意的情况出现，你可以采取哪些预防措施？”

仍然以前面哥哥和妹妹的事件为例，我们来看看这个步骤实施起来是什么效果：

7 岁的孩子与 3 岁的孩子发生冲突，妹妹跑到哥哥那要拿走哥哥喜欢的玩具，两人争起来，结果玩具摔碎了，哥哥哭了。

大人：“哦，宝贝，怎么了？”（接受）

“妹妹没经过我同意要拿我的玩具，我不给她，她就过来抢，结果玩具掉地上摔碎了，呜呜呜……”

“来，过来，妈妈抱抱你。”抱起来，“妹妹没有经过你同意要拿你的玩具你感觉很愤怒是吗？是啊，如果有人要抢我的东西我也会愤怒，我也会要保护自己的玩具。”（分享）

“那是我最心爱的玩具，摔碎了，我再也没得玩了。”

“你最心爱的东西摔碎了当然难受了，其实如果妹妹好好和你说，你也会和她一起分享的，是吗？”（肯定）

“是啊，抢东西是不对的……”

“如果重新来过你会怎么做？”（策划）

“放得高一点儿妹妹就拿不到了。”

“还有呢？当时你可以对妹妹怎么说？怎么做？”

…………

处理他人情绪，首先要接受对方的情绪，观察面部表情、肢体状态，让对方感受到被关注、被接受。然后再是分享，分享对方的感受和事件的内容，先分享感受后分享内容。接着要肯定，肯定孩子在事件中所有可以肯定的部分。最后是策划，找出更好的做法。通过这样的四个步骤引导孩子思考怎么面对事情、今后怎么解决问题，每次的经验都能让我们学习一些东西，带领孩子更有效地建立一个成功、快乐的未来。

· 第四节 ·

情绪摆脱力：摆脱“负面情绪”

当某种所谓的“负面情绪”不能帮助自己获得更多的成功、快乐时，能够使自己从这种情绪中摆脱出来，进入另外一种更有帮助的情绪状态中，这是我们拥有的情绪摆脱力。摆脱负面情绪的能力是可以通过练习提升的。

No.1　深呼吸放松法

我们经常听到深呼吸放松法，然而很多人却发现深呼吸放松貌似作用不大或者没有说的那么有用。这是为什么呢？其实深呼吸放松法非常简单实用，只是这种方法也需要练习。

首先我们尝试 3—5 次深呼吸。感受一下身体的变化，把注意力集中在自己双肩，吸气和呼气都变得缓慢而绵长。

鼻子吸气时感觉在闻花香，到顶的时候请保持住 2—3 秒，感受双肩的感觉。再慢慢把气呼出来，感受双肩的变化。在吸气的时候我们可以明显地感觉到自己的双肩变得紧张，呼气的时候双肩会慢慢放松。

当我们感受到双肩在深呼吸时的变化后，再进行 3—5 次的深呼吸。随后请你把注意力集中在头部，再进行深呼吸，感受头部的变化。注意吸气和呼气时身体的感受和变化。

从头部慢慢往下进行全身深呼吸放松，慢慢把深呼吸变为正常呼吸，伴随着每一次呼吸，身体都会慢慢地放松下来，这样把身体从头到脚放松一遍。

放松完后，我们再次感觉自己的身体。这次是感觉全身的变化，每一次呼气都会让自己的身体更加的放松，有些人甚至可以感觉到全身的毛孔、每一个细胞都在放松。

这样就是完成了一次正常完整的深呼吸练习。一开始可能需要较长时间才能进入状态，然而随着练习的次数增加，会越来越快地进入放松状态。每次练习 5—10 分钟左右，一周后，在 5—8 次深呼吸后就能让自己达到一个比较放松的状态让情绪恢复平静。

No.2 生理平衡法（挂钩法）

生理平衡法，俗称挂钩法，是一个快速改变自己情绪状态的技巧。每当自己有“负面”的情绪想要摆脱时，或情绪、能量、思想出现杂乱不能稳定下来，或者在过度亢奋激昂或低沉不振时，可以运用这个技巧。这个技巧可以帮助自己改变情绪状态，更能保持甚至加强对环境情况的处理能力，3 分钟左右便有效果，内心会感觉到状态的不同或提升，因为挂钩法能促使体内多方面达到良好的平衡，能提升精神、注意力、思考力和耐力。此技巧发展自“运动机制学”（英文为 Kinesiology 或 Heart Math Solution）。

做挂钩法时坐着、站着或躺着皆可，方法步骤如下：

1. 深呼吸放松后，双腿伸直，双脚交叠（脚踝部位交叠）靠在地上。双手向前伸直交叠（交叠的方向须配合双脚，若右脚在左脚之上，则右手也放在左手之上，反之亦然），双手拇指向下，掌心对掌心，十指交叉紧扣，向下反拗握成拳头放置胸前。

2. 调整呼吸，吸气时舌头向上颚门齿稍后的地方，呼气时舌头向下轻抵下颚齿。

3. 把注意力放在心脏的位置，可以想象看到、听到或感受到心脏的跳动，保持这份专注，维持 3 分钟。

No.3　现场抽离法

现场抽离法是可以帮助我们消除“负面情绪”的一种方法。

小孩子的心不在焉，成人的视而不见、听而不闻等表现都是一种抽离现象，只是这种抽离是全面地摆脱现场，因此对现场出现的话语或情况不能掌握。而现场抽离法则容许使用者仍然百分百地控制现场，更因为没有情绪的困扰，而能更有效地处理情况。

现场抽离法是指在思想上把自己抽出现场，在一旁注视现场。这样我们既能保持对现场情况的完全接触和掌握，同时又能摆脱因现场情况而引起的情绪困扰，使我们能够有效地处理事情。

我们都有过这样类似的经历。在公司会议上，你本想站起来发表不同意见，但由于害怕而放弃；当丈夫遇到挫折时，你本来想表示关怀，却说了一些讽刺的话；

在某些场合中，我们会遇到某些人或事，使我们产生“负面情绪”，例如，愤怒、焦虑、担心或者恐惧等。你也知道这些情绪不会对自己有帮助，但是你又不能脱离现场，而且也没有可行的方法可以克制自己当时的“负面情绪”，留下的只是事后的后悔。

在这种情况下，现场抽离法会使你得到帮助。方法步骤如下：

1. 先想象自己站在门口看见自己在屋里坐着或站着，练习几次。

2. 再想象站在自己旁边约 2 米处，看到自己周围的景物。

3. 想象自己慢慢回到本人站 / 坐处，然后再抽离去到刚才的 2 米处，反复做几次，直到纯熟为止。

4. 回忆一次不愉快的经历，重温当时的景象、声音及内心感受，然后想象自己抽离当时本人的位置，站在 10 米远处，隔着一层玻璃，看房内当时的你。注意内心感受的减轻，然后再往后退，想象当时景象的不断缩小，当心情平和时，重返现场，直至心中已无情绪困扰。

5. 打破状态。想象一些无关的事（如今晚要吃什么之类的事）。

6. 想象下次会出现的场面。例如，面对一个不讲理的客户、同事或者客人，想象自己会出现的“负面情绪”。然后，用第四步，想象自己飞出窗外，越来越远，注意自己情绪的改变，同时你也会以更好的方式，选择恰当的情绪去处理当时的情况。

现场抽离法是一个很好的消除“负面情绪”的方法。在使用这个方法时，一定要注意以下几点：

1. 要用好这个方法，秘诀就在于替换要快，且要反复演练。在整个过程里，你必须要清楚地看见及感受小而暗的画面变成大而亮的画面。然后，体会一下变化后的结果，几秒钟后睁开眼睛，此时一定要想象一块白色的屏幕，以中断刚才的想象，然后再闭上眼，继续转换一次，要这样反复至少做 7 次。速度要越来越快，同时要以轻松的心情去做，直到一看到老画面就能不由自主地引出新画面为止。

2. 在体验改变后的结果时，要等到对新画面有肯定的感觉才可以睁开眼，并且再重复这个过程。

No.4　逐步抽离法

这是一个快速消除负面情绪的技巧，效果快，容易做，是华人世界 NLP 大师李中莹先生在 2000 年初发展出来的。这个技巧每次只能处理一件事，即处理某件事引起的一些“负面情绪”。方法步骤如下：

1. 安静找回当时情绪。首先，找一个宁静的地方，坐下来，回忆那件事情中让你感觉最糟的一幕。当你看到、听到和感觉到当时的情景，你心中涌现出强烈的负面情绪，并给这份负面情绪打个分数（10 为最高分，1 分为最低分）。

2. 抽离找回情绪的我。站起来，走开 1 米左右的距离，看着刚才坐的椅子。用你的方式，想象看到一个自己坐在那张椅子上，那便是你潜意识里面负责情绪的部分，叫作“情绪的我”。站在这里的你，是潜意识里面负责想办法的部分，但是你仍然感到心中有那份情绪。这时，你可以感觉一下这份情绪在身体里有多大，想象它的形状、体积。

3. 沟通建立合作协议。你对“情绪的我”说：“谢谢你常常照顾我。你是负责情绪的，而我是负责想办法的。当你把情绪全收过去，我会想出更好的办法。也许你想用这份情绪来提醒我：这件事情很重要，叫我想想办法，做一些事。我已经知道了，我一定会想办法，无须这份提醒。请你把情绪收回去。我需要你的合作，可以吗？”

4. 退后放开以往情绪。绝大部分的情况里，你的潜意识会同意合作，愿意把情绪收回去。你会看到“情绪的我”点头，或者微笑，或者说“可以”。你就对他说“谢谢”，再感受一下内心那份情绪，往后退一步。想象当你往后退一步的时候，那份情绪并没有跟你一起后退，而是留在刚才站立的位置上。现在，你隐约地看到它的形状和体积。

5. 想象按下情绪按钮。你想象身边有一个隐形按钮，用手指按下，那份情绪忽然变成很多的微粒，几乎一起飞向“情绪的我”。待它全部飞过去，再问问自己：内心的这份情绪，现在还剩余多少？如果完全没有了，或者只剩下粟子般大小，你现在会感到很平静轻松，这次的处理也便可以结束。同时再给这份情绪打个分数（10 为最高分，1 分为最低分），看测试分数是否比第一次测试分数有所降低。

6. 保留有助价值意义。如果你心中剩余的情绪还有一定的大小，你便可以做下一步的处理。你再想想那件引发情绪的事情，有没有对你有帮助的东西：一些你需要学习的地方，一些让你未来更成功、快乐的教训（如下一次怎样做得更好），一些帮助你成长的价值和意义等。假如有的话，用你的方式把这份价值意义从画面往右边分出来（什么方式都可以），然后把右手伸出来把它接下来，感受一下这份价值意义在手掌里的质感、重量、温度，再把手收回来，把这份价值意义放在胸口的位置，感觉一下这份价值意义进入内心的感觉。这是一份很好的感觉，当你感受到的时候，大力吸气几次，让这份感觉膨胀，变得更大、更温暖。

7. 确定有效果胜过有道理。再看看那件引发情绪的事情，里面还有没有对你有帮助的地方，若有，重复上面把价值意义放在心中的过程；若无，你现在可以再按那隐形的按钮，让剩余的情绪变成微粒飞到“情绪的我”那边去。这个技巧，成功率达 95% 以上。若效果不理想，细心检查每一步看看哪里忽略了。

注意：以上的处理过程，越能想象成为科幻片或者卡通，越有效果；反之，越理性分析，越用逻辑，效果越小。

对“情绪的我”说

谢谢你常常照顾我

你是负责情绪的

而我

是负责想办法的

当你

把情绪全收过去

我会

想出更好的办法

No.5　连接生命源头，接受父母法，连接祖先法

家庭对一个人的成长和人生信念的形成至关重要。可以说，没有原生家庭就没有一个人的现在。而人本身的缺陷会导致各种情绪问题和关系问题的产生。这些问题，大部分源自早年跟父母或养育者的连接中断或连接阻塞。比如早年因为一些事件，本来要对父母表达的对情绪情感的需要，被阻挡了，而那个情绪或需要，一直在心中被深深地隐藏和压抑起来，形成我们对一些事情的态度信念，这些信念左右了我们成年后的诸多行为和价值观，包括我们不健康的、有害的价值观和行为。跟父母连接，会让那些被压抑的、中断的需要和情绪再次流动起来，会让那些不愉快的经验被改写，会让自己的伤痛被疗愈。

我们的生命来自我们的父母。生命有两股力量，阳刚和阴柔，阳刚代表着一个人的事业、成就、毅力，阴

柔代表着人际关系、家庭和谐和财富。不论何种原因，当一个人与父母产生隔阂、冷漠，那么他身上的这两股生命能量就无法接通——直接表现为事业无法坚持，或是人际关系不和、家庭经营不善，或是心里莫名的空虚。

从我们生命被孕育的那一刻起，我们的命运就和父母、家族的能量紧密联系在一起。在我们潜意识深处，我们对父母、祖先的爱和尊敬远远超出我们的想象。没有和父母、祖先连接上的，会以情绪或疾病的方式体现出来，体现在你和他人的关系当中，特别是跟家人的关系，你所有关系的纠缠和内心的黑洞来自连接的中断，来自未满足的期待，这如同血管中被堵塞的部分，如同未被解锁的游戏关卡，让我们被困在了那里。生命的传承超越了头脑所谓的意义和价值，就是那么不增不减、一代一代地传递，跨越了几千年几万年的文明兴衰、荣辱、爱恨、聚散和生死。这才是真正的传承，而不在于你头脑里认为的这个有钱、这个成功、那个失败。

面对这些，我们能做什么?

我们能做的最好的事，是好好地珍惜我们的生命，好好地活出我们的生命，来荣耀和纪念他们！跟父母连接，最终的目的，其实是要让自己能独立，能更好地离开他们，活出自己。如果我们能真正地尊重自己，就是在尊重我们的父亲和母亲。每一个生命都来源于我们的父亲和母亲，生命代代相传，一直到你。如果得到允许，生命也会这样一代一代传下去。我们就像普普通通的孩子一样，把生命承接下来，也会像普普通通的父母那样把生命传递下去。既不会增加什么，也不会减少什么。认识到这一点，我们就会承担起我们的角色，把爱传给我们的子女，同时让他们走自己的路。

家族，可以是牵绊的力量，也可以是支持的力量。前几年有一部著名的动画电影《寻梦环游记》，这部电影告诉我们：祖先的力量有时比我们任何外在寻求的力量都要强大，因为这是家族的力量。我们都有梦想，有时候我们背负的或许是自己的梦想，或许是一个家族的梦想，又或许是家族隐性的誓言："在爱的记忆消失前请记住我！""真正的死亡是世界上再没有一个人记得你。"我们的亲人和祖先一直生活在另外一个世界，他们还记得我们，爱着我们。随着时间的不断推移，当他们逐渐被遗忘时，他们与我们的连接也将彻底断开，我们也将无法承接祖先给我们的力量。

当我们碰到财富、事业、爱情、亲情等方面的问题时，我们会想尽一切办法解决。解决问题有物质层面的、心理层面的、生理层面的，也有灵性层面的。而这里面有一个相当重要而我们缺少关注的就是我们的祖先。如果你能连接到祖先的能量，真正感恩祖先们生命的传承，帮助祖先在另一个空间得以安乐，拿到祖先给予的力量，就会命运顺遂。

中国上下五千年的传统文化，所谓祖上福德深厚会福荫后代儿孙，也是中国传统智慧的解读。许多的孩子由于各种命运或童年经验而背负重担，尤其有些孩子都没有见过他们自己的父母，有些孩子甚至遭到来自父母的创伤暴力和侵犯。当我们很难去和父母连接，或者是我们已经和父母连接上了，我们还需要更大的保护的力量的时候，我们该怎么办呢？这个时候，我们就可以去寻找我们自己和祖先的连接点，来获得更大的系统的支持的力量。

有可能我们自己的父母的确并不完美，但是我们的生命是从父母那里传承来的，生命世代传递，并未改变过。所以无论是怎样的父母，生命传递的过程没有改变。所有的父母都是一样的，父母就是当年的孩子，你就是下一代的父母，我们的基因是从父亲和母亲这里来的，从科学的角度上来讲，这叫作遗传。但是我们现在发现孩子的基因里继承的不仅仅是父母，还有父母双方家族成员的信息，有些信息会在肤色、体型、五官、发质方面有直接的体现，有些则是在性格、情绪、心理疾病方面有直接的体现。我们从各种各样的心理疗法里面，越来越能够清晰地感知到，虽然家族中的先辈们早已经离世十几年、几十年、上百年或上千年，绝大部分的人我们未曾谋面，甚至连名字都不知道，但不可否认的是，他们的信息也从来没有离开过我们。也就是说，我们从来就不是一个单纯的个体，我们从来就不是一个孤孤单单的个体。在我们看似个体的身体里，承载着家族祖祖辈辈历代成员们共同的信息。所以你的信息的一大部分来源于你的父母，还有一部分也来自你的家族成员。

你可以和系统连接，去超越父母。如果你将你的生命的传承，从最远古一个一个、一代一代地记录到现在，你会发现你的父母只是距离你最近的点而已，但是他们并不是全部。

每一个点，每一个祖先，每一代的人，每个人都有他的痛苦、烦恼、不顺、快乐、悔恨、辉煌。但是所有人的命运、所有人的生命都值得敬重，当你和祖先连接的时候，你会超越世俗所存在的痛苦。

所以当你能够跨越时空，将自己祖先们的故事放在你的眼前，你会获得平静的力量，你更加能明白人生当中所有的人没有完美的，所有的人都不可能没有缺憾，所有的人都不可能没有烦恼和得失。因此你会放下对原生家庭的痛苦的执着和怨恨，你会真正体会到痛苦不一定是需要去逃避和恐惧的，你也可以带着微笑和敬重去面对它，去看待每个人的痛苦、烦恼和罪恶。这个时候你的心和智慧会超越那个二元对立，到达平静和合一。

当你能够真正地去连接你的父母和祖先，你才能够真正看见，自己的命运早就给你留下了巨大的空间。只是出于我们的恐惧或者是被动地等待，出于受害者的心态，我们不愿意去创造自己的未来，去改变自己的命运。连接父母和祖先是让内心能量流动的开始，连接彼此之间的爱，是照亮阴霾的光。当我们的内在世界充满爱的时候，我们的生命会充满力量，充满父母、祖先的祝福，我们就更能激发我们生命的活力与潜能，实现我们内心深深的渴望，从而对这个世界做出我们独特的贡献。

每个人只有一个生父和一个生母，此练习连接的是每个人的生父和生母，无论父母在哪里，你是否有见过他们，或他们是否健在都可以做。连接的具体步骤如下：

找一处安静之地，坐下，深呼吸几次，放松。

闭上眼睛，想象看到爸爸、妈妈在自己的面前，你面对着他们，爸爸在你的左前方，妈妈在你的右前方，首先看向爸爸，看着爸爸的眼睛对他说：

爸爸，您是我唯一的“爸爸”，也是最有资格做我爸爸的人，我完全接受您为我的爸爸，也接受所有因此需要付出的代价，也请您接受我为您的孩子。生命经由您和妈妈传递给我，其中已包含所有我需要的爱、力量与支持。就算我有其他的需要，亦能够运用你们给我的一切，让我在其他地方取得。我会运用您所给我的一切，去建立一个成功、快乐的人生；我会做很多好事，让您以我为荣。我将（已经）建立自己的家庭，把生命传递下去。我会好好地照顾我的家人，我会创造成功、快乐的人生。请允许我用这样的方式来向您表达我对您的爱、感谢和尊崇。爸爸，我把您放在我心里最重要的位置，在那里，您每天都知道我做的好事，我也可以每天都感受到您对我的爱、力量和支持。爸爸，谢谢您。爸爸，我爱您。

在意念中，给父亲一个深深的鞠躬，或是拥抱，直到感觉足够才分开。

做完这些，然后坐回面对父母的位置，转向妈妈，只需把以上文字的“爸爸”改为“妈妈”，最后拥抱母亲，直到感觉足够才分开。

然后再去想象看到父母的背后有他们的父母，和他们背后的父母的父母，对他们说：

亲爱的祖先们，我是你们的后代，我是你们的孩子，生命经过长长的旅途来到我的父母这里，来到我这里，来到我（未来）的孩子这里，我不会忘记我们的身上流淌着你们生生不息活下来的勇气和信心，我们的生命里验证着你们不屈不挠的伟大的力量与坚韧，感恩我们的生活里满存着你们殷殷诚挚的生命祝福与期望，谢谢你们！

亲爱的女性祖先们赐予我们生命的诞生，我会好好滋养它、珍惜它，谢谢你们！

亲爱的男性祖先们带给我们生命的意义，我会好好保留它、荣耀它，谢谢你们！

亲爱的祖先们，我尊重你们的命运，我尊重你们的选择，我交还属于你们的生命负担，我是你们的后代，我是你们的孩子，谢谢你们！

再扩至更久远的长辈，从心里去看见他们的苦难，看见他们走过挫折失败，经历了千辛万苦，把生命传递给了我们：

谢谢你们，我活下来了，我们活下来了，你身上的欢笑，你身上的悲伤，你的尊严和荣耀，都是我生命中的一部分，我会带着无穷的力量和智慧勇往直前，活出最好的自己，开创更美好的未来，造福身边的人，以此来纪念你们，荣耀你们，荣耀我的祖祖辈辈，深深地感恩你们，也请你们深深地祝福我……

想象自己对他们深深地鞠躬。

每次当你感觉到困惑、迷茫、没有力量的时候，需要资源的时候，感觉无望消极的时候，感觉不被祝福、没有资格的时候，感觉自己走向失败的时候，感觉自己消沉抑郁的时候，你都可以去连接你的父母、祖先。或者你感到有恐惧，害怕黑夜，有很多的担心的时候，你可以想象你自己可以退后，退到自己家族的光芒、家族的能量里面，浸润在自己家族的能量里，去寻求智慧、资源、支持和祝福。每次你需要去找更大的能量来保护自己的时候，你都可以去呼唤你自己家族的守护神，呼唤你家族的能量来保护你。

我会带着

无穷的

力量和智慧

勇往直前

活出

最好的自己

开创

更美好的未来

以此来

纪念你们

荣耀你们

附 录

程靖钧老师“情绪智慧”课堂问答实录

No.1　他有情绪不愿意说怎么办?

问: 当看到对方有情绪时，我问他“愿意说说吗？”我想接受他是可以有情绪的，想试着帮他处理，可是他说“不愿意”，怎么办？

答: 对他说：“好的，当你愿意和我说的时候再来和我说，我愿意听！”允许他此时有情绪不愿意说，不批评，不否定，不对抗，这是真的接受。

或者带着爱问他：“需要我为你做些什么吗？”或许是需要你陪伴他，或许是听他倾诉，或许是他需要时间和空间与他的情绪待一会儿……尊重他的选择！

No.2　孩子一考试，我就焦虑怎么办？

问： 孩子每次考试，我比孩子还紧张，长期为此焦虑担心。怎么办？

答： 焦虑是因为你认为孩子考试这件事情很重要，同时你对他又有很多的期待，担心是因为你不够信任你的孩子。

请回顾一下你自己的成长过程：在你自己读书的时期，你的父母是怎样对待你的，你有怎样的感受？他们对待你的方式是像你现在一样焦虑还是很忽略的？你是在重复父母对待你的方式，还是试图改变当年父母对待你的方式呢？

每个人都无法给孩子自己没经历过、没体验过的东西。父母对孩子过度的担心只会是一种“诅咒”。真正信任孩子的父母才能培养出孩子对他自己的信任，焦虑的父母只会把焦虑传染给孩子。

怎么办呢？找个椅子放在对面，闭上眼睛做几个深呼吸放松，然后想象你的孩子在上面坐着，从自己的角度去观察你的孩子，越细越好，猜猜对面的孩子有怎样的想法和感受，然后走过去坐到对面的椅子上，模仿孩子的所有动作、表情。完全地进入他的感觉，尤其是他在学习方面的所有感受和他对你的期待，感受他在被你如此焦虑担心的对待下，他的感觉会怎样，他希望你如何对待他，他是否有更大的力量去面对自己的学习。

然后再做一个想象的练习，想象孩子在你的面前，你看着他的眼睛对他说："孩子，我是你的妈妈。我和你爸爸给了你生命，就等于给了你所有的爱、力量和资源。所以我们相信你一定能照顾好自己，照顾好属于你自己的学习，我们把这份信任传达给你，我们选择只站在你身后，给你祝福和爱！"当你说完后再去看看孩子的眼睛会有什么样的变化，你自己的内在又有什么样的变化？

再想象孩子站在你和伴侣的前面，他的前面有他的未来，未来里有他的学习，他未来的工作，未来的家庭，还有他未来的孩子，而你和你的伴侣只需要站在他的身后，给他祝福，给他信任，给他你们足够的爱和力量，他就有能力带着你们给予的爱和祝福走向他的未来……

这个练习你可以多做，当你感到焦虑担心的时候就尝试这样去做，你会看到有所不同！

No.3 怎样才能提升自我价值感?

问: 别人说话的态度容易影响我的情绪，我很容易生气、愤怒、委屈是怎么回事？怎么样才能提升自我价值感？

答: 假如你想快速地提升自我价值感，最好的方法就是先从接受你自己被影响和改变的情绪开始，因为自我价值感包括自信、自爱、自尊。自信就是相信自己可以照顾自己，照顾自己的身体，照顾自己的生活，包括照顾自己的情绪等。

那怎样照顾好自己的情绪呢？

首先看到自己的情绪是不断在变化的，情绪也往往会因为他人对待你的方式和态度而变化，像生气、愤怒、委屈等情绪。当你看到之后，就要先接受自己有这些情绪，因为你是一个活生生的人，有情绪说明你是真实的，说明你内在有很多需要被关照的情绪。或许你小的时候也是没有得到充分的满足的一个小孩子，所以当他被否定、被评价、被比较的时候，他就会难过，这些难过又没有被真正地理解，没有人关照，所以就一直压抑在那里，以至于到现在容易被其他人触发。那么，现在需要你自己去陪伴和关照自己那个内在的小孩，去看到他当时的不容易，同时也看到他有足够强的生命能量，看到他渴望爱和认可，看到他曾经被忽略、被否定的痛苦，然后告诉他：“我懂你，我来陪伴你，陪伴你慢慢地长大，给你当时你需要的一切。小时候爸爸妈妈忽略你没给你的，现在我作为成人来照顾你需要的部分。”

这样去做，当你真的学会照顾自己，才能真正学会爱护自己，学会尊重自己。尊重自己是个独立的个体，尊重自己独特的成长过程，自我价值感才会因为你会照顾自己的情绪、接受自己的情绪、陪伴自己成长而慢慢地、不断地累积，这个累积的速度也许是对你来说最有针对性、最快的方法。

No.4　我无法愤怒，怎么办?

问：我是一个没有愤怒的人，有不满，无法愤怒，我该怎么办?

答：你是没有愤怒还是压抑了愤怒?愤怒这份情绪是提醒我们需要一份力量去改变一些不能接受的事情。愤怒的本质是提供力量和一个改变的动力。请你觉察一下你何时压抑了你的愤怒，是否允许自己有资格愤怒。你的恐惧遮盖了你的愤怒，也许你内心里曾经非常害怕因为愤怒而不被爸爸妈妈爱，因为愤怒而被称为没有修养的人。因为你害怕被否认、被忽略，所以你害怕就是你愤怒的一种表现。你不是没有愤怒，而是把愤怒的力量转换为抱怨、委屈、失望、自责、内疚了。当你以这些情绪表达愤怒时，你更隐忍着把它变成自我伤害的力量，所以你不是没有愤怒，而是你压抑了自己的愤怒。

怎么办呢?首先，你先看到自己从小到大那一种内在的自我保护的模式，一种退缩的模式，一种求生存的模式，看到之后你需要做的是：释放自己从小到大曾经有的创伤，你可以用哭诉、表达、诉说等方式来突破自己从小到大形成的那个情绪胶囊的坚硬的外壳，穿越了这些情绪的外壳，你允许自己内在那些压抑的力量释放出来，这样愤怒的力量自然就会出来，你就可以自然地表达愤怒了。

当这样做的时候，你会发现你变得更有力量、更真实，也更自由自在了，因为所有的情绪，尤其是愤怒的情绪，它是我们生命中非常大的一份能量，当这份能量可以自由表达了，可以释放了，那你也可以更自在地和你周围的人相处，和你自己相处，也可以成为一个更加身心合一的人。

No.5　对伴侣有控制和期待怎么办？

问：学习后觉察到自己复制了父母的情绪模式，现在对伴侣还是有控制和期待，怎样才能调整这种模式？

答：先恭喜自己有这样的一份觉察，觉察是成长的开始，然后再有意识地做出一些改变，先从接受父母开始，以一个孩子的方式去接受他们，接受他们不是完美的，接受他们有他们的相处方式，他们的这种相处的方式也许很辛苦，但不管怎样他们把生命传递给了你，同时也让你学习到这种相处模式并不是最好的。然后放下对他们的评判，作为孩子，我们没有资格去评判他们的相处模式，只能尊重、接受、允许他们是用这样的方式相处的。

当你可以允许他们就是他们，就可以允许自己就是自己了，就可以开始学习新的情绪沟通模式，来代替自己从小耳濡目染所学习到的。给自己多一个选择，或许在刚开始的时候还会“打回原形”再次重复，但只要自己继续带着觉察，继续有意识地做出改变，你就会看到自己每一次都会有所不同、有所提升，试试看吧！

No.6 因没满足心理需求而产生的情绪问题怎么处理？

问：如何处理3岁左右的孩子因没满足心理需求而产生的情绪问题？

答：小孩子的心理需求没有被满足，他会直接通过情绪来表达，这个年龄段的孩子最大的心理需求是建立一个安全的亲子依恋关系，具体的做法就是：

第一，对孩子充满爱心，给他以安全感。

第二，就是一贯地对他的需要做出一个敏感的反应。孩子有需要的时候会在行为、言语上有所表示，当孩子有一些动作、言语或者哭闹的时候，其实他是在表达他的需要。我们要仔细地观察和倾听他想要什么，这就是对他的需要做出敏感的反应。这样可以使孩子享受满足感，就是他很重要，他的需要是被认真考虑的。

第三，要热情地鼓励孩子的进步和努力，使他体验成就感。一个人只有被看见，只有被鼓励，只有被热情地夸奖，才会有进步，才会有很好的体验并能够体验到成就感。他做事情做好做对了，被夸奖被看见，这是可以让人体验到成就感的。

也就是说，你要让他感觉到生理上安全、情感上安全、心理上安全，只有这样做，3 岁左右的孩子心理上的需求才能得到最大的满足。

No.7　对孩子发火，事后又会很自责，怎么办?

问：为什么我学习了，还是会对孩子发火，事后又会很自责，怎么办?

答：是的，很多人经常会以为自己通过学习就会变成神人，可以没有喜怒哀乐了，这是很可怕的一种“成长”，因为你是活生生的人，你还会有喜怒哀乐，学习前后的区别是你现在面对喜怒哀乐的状态已经有所不同了，因为你开始有了觉察。觉察的意思是你开始不再是掉在那个事件里歇斯底里的状态，而是你好像变成了一个旁观者回看自己，知道自己在面对谁，知道自己在做什么、在说什么，当有了这份觉察之后就可以主动做些事情。

比如说，你觉察到你现在火气在往上涌，已经到嗓子眼了，那么你可以选择让自己喝口水，可以让自己坐下来让身体保持直立，放松自己的身体做几个深呼吸，深呼吸三次后，就会发现情绪已经快速地趋于舒缓，这样就可以管理你的情绪了。还可以让自己去做任何你喜欢的，能专注、能放松的事情，比如去唱歌、跳舞、听音乐、烹饪、做手工、摄影、散步、跑步……当自己能做一些喜欢做又擅长做的，让自己全身心投入，自然就会远离那些低频的能量。或者也可以参照书中练习，用现场抽离法、挂钩法等。

No.8　如何辅导孩子缓解考试的焦虑?

问: 如何辅导孩子缓解考试的焦虑?

答: 先来解读一下焦虑这份情绪，它代表几层的含义：

第一，这件事情很重要。

第二，以我现有的能力不足以处理这件事情，我需要提升我自己的能力，才能够应对这件事情的重要性。

那么需要提升哪些能力呢？需要自己和孩子讨论一下，有的是学习能力，有的是应考的能力，有的是情绪放松的能力，有的是学习目标重新确定的能力，每个人不一样的。去评估一下孩子有哪些能力要提升。

假如是考前焦虑很重，就看看是不是要调整考试目标，是否要重新去学习关于复习的策略，是否要学习一些自我情绪调适的方法。

假如是考试过程中焦虑，那就需要学习如何让自己可以快速地平静，就要教孩子一些有效地调控自己的情绪的方法。

假如是考试之后焦虑，就教孩子如何快速地放空自己，考一科丢一科，如何开始新的准备过程，如何放下对分数的担忧，看到自己通过考试学到的东西或提升的能力。

最重要的是，问孩子：“需要我帮你做什么呢？你希望我怎么说、怎么做，会让你得到帮助、减少压力呢？”听听孩子的反馈，按照他的要求给他做，剩下的就是生活，该怎样就怎样，自然而然地去陪伴你的孩子经历考试前后的那个过程。

需要我帮你

做什么呢

你希望我

怎么说

怎么做

会让你

得到帮助

减少压力呢

No.9　在孩子小时候用了“哭声免疫法”去训练他，这个方法可以继续用吗？

问：老师，我的孩子现在2岁，经常哭闹，在他小时候用了“哭声免疫法”去训练他，请问这个方法可以继续用吗？

答：马上停止使用这个方法！

“哭声免疫法”曾经在美国风靡一时，直到现在，国内还有很多拥趸者，温情脉脉地讨论着怎么训练孩子不哭不闹睡大觉。事实早已证明，这样的训练忽视了婴儿的心理需求，经过“哭声免疫法”训练的孩子们，长大后很多都出现了心理问题。因为婴儿哭闹背后，表达的是情感需要，刚刚出生的婴儿，他认为他和世界是一体的，他一哭，妈妈就来抱他哄他，他就会感到安心。训练，是通过外部环境的刺激，让人的行为发生变化。就像训练老鼠走迷宫、狗熊作揖一样，他们不知道，婴儿的内心正承受着怎样的恐惧和孤独。而训练的后果，会在几年后显现出来。训练只关注行为，而不去管行为背后的心理和情感。当孩子内在积攒了足够的安全感，内心的力量强大了，他自然会生发出独立自主的渴望，就像种子要破土发芽一样，这是生命的本能、天性。

孩子就像一粒种子，你不会去训练一粒种子如何发芽、开花。只要给它充足的阳光、土壤和水分，它内在的生命力就会驱动它破土发芽，舒展枝条，长成它可以成为的样子。父母需要做的，就是为孩子提供适宜的土壤、阳光、温度、水分，还有耐心。环境适宜了，养料足够了，生命自然会发芽、成长。

No.10　孩子经常用哭闹的方式来要挟我，怎么办?

问：孩子经常用哭闹的方式来要挟我，比如去商场就要买一个玩具，可是家里已经有很多了，不买给他，就一直哭。怎么办?

答：当孩子为了某些不合理的需求而哭闹不止的时候，也正是我们为孩子建立规则意识的最好时机。

对待哭闹的孩子，不要打骂他，以大欺小，不公平，还会给孩子不好的示范。不要说教，孩子正闹情绪，听不进去，说多会让孩子以为你在求他、哄他。不要走开，因为走开就成了单独禁闭，让他感到你在用冷漠的方式惩罚他。

要做的就是陪伴他，陪伴但不妥协，让孩子知道，你爱他，等孩子情绪完全平复以后再进行沟通交流。让孩子感觉虽然被拒绝，但仍然可以感受到连接，感受到爱。有时候，孩子对某一件东西的执着，并不只是单纯想要这个东西，而是为了证明父母对他的爱。

当孩子哭闹的时候，企图控制你的时候，正是他最需要你的时候，请你用爱的方式告诉他：“你想要的玩具妈妈没有买给你，你感觉有些失望、生气，我知道。你有需求是好的，是妈妈觉得家里已经有很多类似的玩具，所以不再买了！你要哭是可以的，妈妈陪着你。”温和而坚定，规则也是爱，爱和规则一同给予他！

No.11　我父母在我小的时候伤害了我，现在爱不起来怎么办?

问： 我小时候父母离异，母亲将我寄养在外婆家。我从没见过父亲，母亲也经常不在家。虽然外婆很爱我，但我心里依然有无法弥补的缺憾。长大以后，我和母亲的关系非常疏离。后来，她再婚，有了其他的孩子。我觉得母亲根本不爱我，我痛恨她。我知道应该孝顺父母，可是我的父母这样对我，叫我如何爱他们，原谅他们对我的伤害，成为一个爱自己的快乐的人呢？

答： 天下的确有不够格的父母，但你要相信， 每个人时时刻刻都在力所能及的范围内尽了最大的努力，只是很多人自顾不暇，甚至完全无力顾及他人，即使是自己的孩子。所以，如果你能站在旁观者的角度看待你的父母，就会了然于心。

你说，觉得母亲根本不爱你，其实是违反本质天性的。并不是说你不对，而是说本质上，父母是给予孩子生命的，父母给了你生命，事实上是已经给了你所有的爱和力量，就好像说，假如一个孩子一出生他的父母就意外离世了，那这个孩子也能在其他人的照顾下长大，也没有哪个孩子生下来就不爱自己的父母，爱父母是人类的天性。

小孩子并不知道如何爱自己，要通过与他人（通常是父母和小时候照顾他们的人）的互动，才渐渐学会看待自己、对待自己和爱自己。所以潜意识中，你不知道如何爱自己。而由于失望，你否认了对父母天生的爱和渴望。在这种压抑和否定的情绪中，你怎么可能成为一个快乐的人？

小时候我们弱小无力，所以觉得父母无所不能，“应该”有能力对我们好，我们的怨恨就是从这里来的：“既然生了我，就应该对我好。”（**这句话是真的吗？**）“你有能力对我好，却不这么做。”（**这真是个美丽的误会，我们都太高估父母了。**）我们必须看见自己内在有个无辜、柔弱、渴望爱的小孩，这个孩子一直想得到爱，然而，就像是在问和尚要梳子一样，他总是会失望，因为他将希望寄托在一对无法付出爱的父母身上。

让自己快乐的秘密是，你越是在内心能与自己的父母和解，就越能在生活中接纳他们、爱他们，你的人生就会越顺遂。可能暂时还做不到，没关系，但要察觉自己暂时还做不到。不要以别人的作为当借口，要为自己的人生负起全责。现在的你已经不是一定需要父母呵护的孩子，而是个成年人了，但也许内心深处还住着一个缺乏关爱、非常不满足、不快乐的“内在小孩”。请你在每次察觉到他的时候，安抚他，关爱、接纳并包容你自己的内在小孩，试着成为自己理想中的父母，培养“内在成人”。

面对父母，他们怎么对待你是他们的事，但你如何对待他们则取决于你。不管怎样，他们把你带到这个世界，光是因为这一点，都应该感激他们。追本溯源，尊重自己的源头，会给你的生命带来意想不到的丰盛。

No.12　因家庭环境的影响，我长期焦虑，脾气暴躁怎么办？

问： 我的父母感情不好，经常吵架、摔东西、扭打，从小我就想拯救他们，现在我自己长期焦虑，脾气暴躁，怎么办？

答： 当你选择要做拯救者时，被你拯救的人便成了弱者，他不会感谢你，而且你的拯救也不会成功。所以，你要自己决定要不要做拯救者。事实上，没有人可以拯救爸爸妈妈的关系，把他们的关系还给他们自己是最好的选择。尊重他们是用这样的方式相处的，不要企图控制他们，也不要把他们当成孩子去要求，这会让他们很没有尊严。父母活得快乐才是最重要的，作为孩子，我们只能以孩子的身份爱他们，我们做好自己就是对父母最大的帮助。所以有时间可以多去拉拉他们的手，跟他们说说话，留下更多美好的记忆！

当觉察到有想要拯救他们的念头的时候，可以在自己的内在对父母说："你们是我最适合的父母，我是你们最适合的孩子，你们是大的，我是小的，你们付出我接受，我把你们的问题留给你们，我做回我自己，我会用你们给我的生命，创造更美好的生活。"

No.13　别人辱骂我的时候，怎样可以做到不生气？

问：当别人辱骂我的时候，怎样可以做到不生气？

答：当别人辱骂你时，如果你选择不生气，可以问自己几个问题："他真正想要的是什么？我能做吗？我愿意做吗？我是他说的那样的人吗？"

然后对自己说："我对自己是什么样的人很清楚，他怎么说都不会伤到我的自我，所以别人怎么样，和我是没关系的，因为我知道我是谁。

"我是一个真正自我价值感高的人，不会为外界的批评所干扰，因为我很清楚地知道自己是怎样的人，外人对我的情绪全部来自他人，与我无关。不会因为外人的评价，我就成为那样的人。"

当然这个过程需要修炼。

No.14　接纳没有用，还是要靠吼吗？

问：孩子哭的时候，我接纳他了，我说理解他了，可他还是哭，怎么样才能让他不哭啊？我明明有做到接纳孩子，他还是要哭，接纳没有用，还是要靠吼吗？

答：其实不是接纳没有用，而是我们理解错了接纳的含义。我们以为接纳孩子的目的是让孩子听从我们的，这是把接纳当成了“止哭大法”。我们嘴里说着“哎呀，宝贝，妈妈知道你难过了”，心里想的却是“你够了没有，你什么时候可以闭嘴啊”。接纳不是为了止哭，而是一种深深的懂得，因为懂得，所以慈悲。

当一个人在哭的时候，不需要解释为什么要哭，因为这个人用眼泪代替语言在表达了。也许我们听不懂，但是，我们可以允许他用自己的方式表达情绪，这就是陪伴。这样的陪伴，才是接纳，而不是把“我理解你”变成一个精心包装过的手段，代替粗暴的“不准哭”。

这样只是方式不一样，目的都是一样的。

接纳是“我理解你现在有情绪，我不会去拉着你离开情绪，我允许你有情绪，我在你的情绪里陪着你”。接纳是一种涵容，是一个生命对另一个生命的滋养。当一个人被这样滋养过后，会体验到爱的流动，会理解自己的情绪，会有能力走出情绪。

No.15　儿子用自杀来要挟我，我该怎么办？

问：儿子今年 18 岁了，辍学半年，天天在家玩游戏。我很痛苦，不敢和他提要求，一提要求，他就用自杀来要挟我。我很恐惧，我该怎么办？

答：说实话，所有的家长遇到这样的问题都会很苦恼，可是“冰冻三尺，非一日之寒”，因为这个问题已经投射出很多你们过往的相处方式。这个问题并不是我的几句话就可以帮您解决的，首先您需要在几个方向做反思：

第一，反思你和伴侣的关系如何。家庭出现了什么问题，让孩子会有这样的行为？

第二，反思你作为妈妈，却不敢和儿子提要求，你对他有什么样的歉疚让你觉得比他低，甚至害怕他，为什么会这样？

第三，在你培养孩子的过程中，你有一些怎样的信念、怎样的做法可能导致了他的现状？

然后所有这样的反思都要带来一些你的改变，因为孩子的所有问题让你感到痛苦，实际上是在提醒你，你需要成长，家庭中的一些模式需要改变。

分享家庭系统排列创始人海灵格的一首诗：

我允许

海灵格

我允许任何事情的发生。

我允许，事情是如此的开始，如此的发展，如此的结局。

因为我知道，所有的事情，都是因缘和合而来，

一切的发生，都是必然。

若我觉得应该是另外一种可能，伤害的，只是自己。

我唯一能做的，就是允许。

我允许别人如他所是。

我允许，他会有这样的所思所想，如此地评判我，如此地对待我。

因为我知道，他本来就是这个样子，在他那里，

他是对的。

若我觉得他应该是另外一种样子，伤害的，只是自己。

我唯一能做的，就是允许。

我允许我有了这样的念头。

我允许，每一个念头的出现，任它存在，任它消失。

因为我知道，念头本身本无意义，

与我无关，它该来会来，该走会走。

若我觉得不应该出现这样的念头，伤害的，只是自己。

我唯一能做的，就是允许。

我允许我升起了这样的情绪。

我允许，每一种情绪的发生，

任其发展，任其穿过。

因为我知道，情绪只是身体上的感受，本无好坏。

越是抗拒，越是强烈。

若我觉得不应该出现这样的情绪，伤害的，只是自己。

我唯一能做的，就是允许。

我允许我就是这个样子。

我允许，我就是这样的表现，我表现如何，就任我表现如何。

因为我知道，外在是什么样子，只是自我的积淀而已。

真正的我，智慧具足。

若我觉得应该是另外一个样子，伤害的，只是自己。

我唯一能做的，就是允许。

我知道，我是为了生命在当下的体验而来。

在每一个当下时刻，我唯一要做的，

就是全然地允许，全然地经历，全然地享受。